"十四五"职业教育江苏省规划教材

"十三五"江苏省高等学校重点教材（编号：2019-2-216）

高等职业教育课程改革系列教材·计算机专业

办公自动化 高阶应用

主编 乐璐 徐山
参编 魏勇钢 蒋磊

南京大学出版社

图书在版编目(CIP)数据

办公自动化高阶应用 / 乐璐,徐山主编. -- 南京：
南京大学出版社,2020.9(2024.1重印)

ISBN 978 - 7 - 305 - 24012 - 6

Ⅰ. ①办… Ⅱ. ①乐… ②徐… Ⅲ. ①办公自动化－
应用软件－教材 Ⅳ. ①TP317.1

中国版本图书馆 CIP 数据核字(2020)第 244949 号

出版发行　南京大学出版社
社　　址　南京市汉口路 22 号　　　邮　编　210093
书　　名　**办公自动化高阶应用**
　　　　　BANGONG ZIDONGHUA GAOJIE YINGYONG
主　　编　乐　璐　徐　山
责任编辑　吕家慧　　　　　　　　编辑热线　025 - 83597482
照　　排　南京南琳图文制作有限公司
印　　刷　南京鸿图印务有限公司
开　　本　787 mm×1092 mm　1/16 开　印张 14.5　字数 353 千
版　　次　2020 年 9 月第 1 版　2024 年 1 月第 4 次印刷
ISBN 978 - 7 - 305 - 24012 - 6
定　　价　45.00 元

网址：http://www.njupco.com
官方微博：http://weibo.com/njupco
官方微信号：NJUyuexue
销售咨询热线：(025) 83594756

前　言

本教材根据全国计算机等级考试二级 MS 考试大纲和 MOS 认证体系编写，基于 Windows 7 和 Office 2016，结合计算机应用在职场中的使用技巧，以计算机发展的前沿动态为导向，模拟工作情境，以项目化驱动的理念设计教学过程，采用新型活页式编写，融合信息化资源，配套无纸化练习系统(扫描后面的二维码，可获取无纸化练习系统，并批量获取账号密码)，是一本支持移动学习、符合翻转课堂教学模式和线上线下混合教学模式的全媒体教材。

教材内容由基础模块和拓展模块两个部分构成。基础模块是必修内容，是提升其信息素养的基础，包含：Word 2016、Excel 2016 和 PowerPoint 2016 高阶应用三部分内容，共计 18 个项目。通过该部分的学习，能够熟练掌握 Microsoft Office 办公软件的各项高级操作，并能在实际生活和工作中进行综合应用，提高计算机应用能力和解决问题的能力，同时支持全国计算机等级考试二级 MS 和 MOS 认证。项目素材可通过微信扫描项目标题处的二维码获得，项目微课可通过微信扫描项目实施环节处的二维码观看。

拓展模块是选修内容，是学生深化对信息技术的理解，拓展其职业能力的基础，主要包含远程协作办公应用，并以小贴士的形式介绍了新一代信息技术，如：5G、大数据、云计算、人工智能、物联网、虚拟实现、RPA 和区块链；其各类综合应用，如：智能交通、智能农业、智能家居、智慧城市、智慧校园和智慧医疗等；介绍了近两年来我国世界一流的科技成果，如：中国北斗卫星导航系统、量子计算机九章、"硅—石墨烯—锗晶体管"和嫦娥五号；最后，介绍了现阶段在世界范围内极具影响力的中国企业，如：华为、字节跳动、大疆和科大讯飞。通过该部分的学习，能够增强信息意识、提升计算思维、促进数字化创新与发展能力、树立正确的信息社会价值观和责任感，为其职业发展、终身学习和服务社会奠定基础。

本书编写团队无论在教学教改、教材建设、资源建设、在线课程、还是在教师团队建设、教师教学能力、学生竞赛等方面都在国家级、省级有一定的认可度。已成功立项省级课题 & 项目 3 项，市级课题 & 项目 4 项，校级课题 & 项目 9 项，横向课题 2 项；出版教材 2 本，发表论文 19 篇，大会交流发言 6 次，参加制定各类校级教学文件 6 份；参加各类教师能力大赛 9 项，是一支高素质研究型团队。

本书由乐璐和徐山副教授担任主编,魏勇钢和蒋磊两位老师参与本书的编写及微课录制工作,在编写过程中得到了全国高等院校计算机基础教育学会、江苏省高校计算机基础教学工作委员会、江苏省教育学会、南京大学出版社等单位的领导及专家的热情支持和帮助。在此特别鸣谢国家职业教育指导咨询委员会委员高林校长。

尽管通过了反复斟酌与修改,但因时间仓促,能力有限,书中仍难免存在疏漏与不足之处,微课视频亦有许多不完善之处,望广大读者提出宝贵意见和建议,以便再次修订时更正。

编　者

2020 年 9 月

【微信扫码】
无纸化练习系统

目　录

基础模块

第一部分　Word 高阶文档处理

　　Word 是 Microsoft Office 办公套件中的重要组件之一，它可以实现多种语言文字的录入、编辑、排版和灵活的图文混排，还可以直接打开编辑 PDF 文件，保存成 PDF 文件。它直观的操作界面、完善的编排功能、多样的对象处理，给使用者提供了快捷、专业的工作方式。

　　Word 的功能远不止一个"写字板"，它不仅可以对文字进行输入、编辑和格式化，还可以添加表格、图表、形状、图片等对象，并通过格式化这些对象形成图、文、表混排的专业级排版效果；其提供的样式、自动目录、页面布局、各种自动引用工具等能够帮助人们更加轻松地创建、编排、浏览和协作使用书稿、论文等长文档；通过邮件合并这一强大功能的运用，可以快速批量创建出信函、电子邮件、传真、信封、标签等一组格式相同的文档。与其他程序如 Excel、PowerPoint 之间的协同工作信息共享则更令 Word 在文字处理上更加如虎添翼。

　　本书以 Word 2016 软件为平台，通过《科技论文的译文审校稿》《设计旅行社新业务文档》《制作个人简历》等 6 个案例，深入了解 Word 2016 的高阶应用。通过案例场景化操作，快速掌握 Word 2016 高阶功能，在今后工作中能够从大量低级、机械、枯燥的重复劳动中解脱出来，享受 Word 的便捷，设计制作优秀的文档。

项目 1　编辑科技论文的译文审校稿

1.1　学习目标

论文格式是指进行论文写作时的样式要求以及写作标准，一般由题名、作者、目录、摘要、关键词、正文、参考文献和附录等部分组成。某高校科技处收到教师的一篇科技论文的译文审校稿，该文章准备在学报上发表，但是论文格式存在问题，请按照科技处意见进行文档修订与排版，最终编辑完成一份符合正式出版格式的科技论文，任务主要目标如下：

按要求设置文档布局；使用高级替换，删除文档中多余的段落标记；修订错误引注；运用样式，快速格式化文档内容；设置页眉页脚，并且奇偶页不同；使用题注为图片插入编号，并于正文内容交叉引用；为文档相应内容设置小节标题和多级编号。

完成后的参考效果如图 1-1 所示。

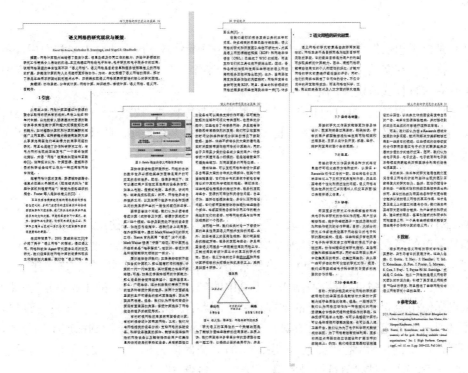

图 1-1　编辑科技论文的译文审校稿完成效果

本案例涉及知识点：页面设置；高级替换；修订引注；设置分栏；设置样式；设置页眉页脚；设置题注；设置多级编号。

1.2　相关知识

1."粘贴"功能

"保留源格式"命令:被粘贴内容保留原始内容的格式。

"合并格式"命令:被粘贴内容保留原始内容的格式,并且合并应用目标位置的格式。

"仅保留文本"命令:被粘贴内容清除原始内容和目标位置的所有格式,仅保留文本。

删除文档中所有空行:在实际操作中就是用"替换"功能将文档中所有连续的多个段落符号替换为一个段落符号,从而实现删除空行的要求。

2.批注功能

Word批注是审阅功能之一。Word批注的作用就是只评论注释文档,而不直接修改文档。因此,Word批注并不影响文档的内容。Word批注功能会为每个批注自动赋予不重复的编号和名称。和Word批注另一个相似的功能是修订,修订是直接修改文档。修订用标记反映多位审阅者对文档所做的修改,这样原作者可以复审这些修改并确定接受或拒绝所做的修订。

3.样式功能

样式是指一组已经命名的字符和段落格式,它规定了文档中标题、正文和引用等各个文本元素的格式。在文档中可以将一种样式应用于某个选定的段落或字符,使所选定的段落或字符具有这种样式所定义的格式。

在文档中使用样式,可以简化格式的编辑和修改等操作,快速统一文档格式,还可以自动在文档的导航窗格中生成文档的结构图,从而使内容更有条理。此外,借助样式还可以自动生成文档目录。

4.多级列表

实际上多级列表与加项目符号或编号列表相似,但是多级列表中每段的项目符号或编号根据段落的缩进范围而变化。多级列表是在段落缩进的基础上使用Word格式中项目符号和编号菜单的多级列表功能自动地生成最多达九个层次的符号或编号。

把需要编号的段落输入Word中,并且采用不同的缩进表示不同的层次。第一层不要缩进。从第二层开始缩进,可以使用格式工具中的"增加缩进量"和"减小缩进量"按钮。

从实际使用经验来说,缩进量的掌握是一个问题:层次间的缩进量应该是一致的,否则使用多级列表时可能会出现错误的编号。所以,可以把第二层缩进调到标尺1的位置,把第三层调到标尺2的位置,依此类推,使层次间的缩进保持为标尺上1的距离。然后选择列表,在"格式"菜单中选择"项目符号和编号",单击"多级符号"命令。

1.3　项目实施

本案例实施的基本流程如下:

【微信扫码】
项目微课

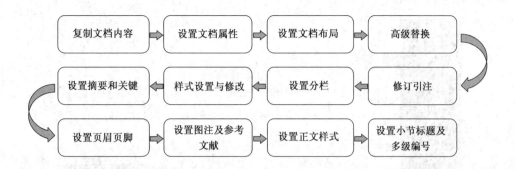

任务 1：复制文档内容

在项目文件夹下，为"Word 素材.docx"文件中全部译文内容创建一个名为"Word.docx"的文件（".docx"为文件扩展名），并保留原素材文档中的所有译文内容、格式设置、修订批注等，后续操作均基于此文件。

完成任务：

步骤 1： 在项目文件夹下单击鼠标右键，选择"新建"中的"Microsoft Word 文档"，输入文件名为"Word.docx"（如果新建的文件没有后缀名，则无须输入".docx"），按回车键完成输入。

步骤 2： 双击打开文档"Word 素材.docx"，选中表格第二行第二列的全部内容，在【开始】选项卡下的【剪贴板】组中，单击复制按钮。

步骤 3： 双击打开文档"Word.docx"，在【开始】选项卡下的【剪贴板】组中，单击"粘贴"下拉按钮，在"粘贴选项"中选择"保留源格式"，如图 1-2 所示。

步骤 4： 关闭文档"Word 素材.docx"。

图 1-2　粘贴"保留源格式"

任务 2：设置文档属性

设置文档的标题属性为"语义网格的研究现状与展望"。

完成任务：

步骤： 在文档"Word.docx"中，单击【文件】选项卡，选择"信息"，在右侧的"属性"显示中，选择"标题"文本框，输入"语义网格的研究现状与展望"，如图 1-3 所示。

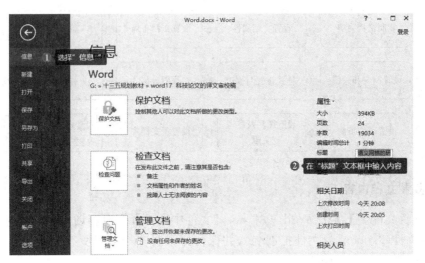

图 1-3 设置文档标题属性

任务 3：设置文档布局

设置文档的纸张大小为"信纸"（宽 21.5 厘米×高 27.94 厘米），纸张方向为"纵向"，页码范围为多页的"对称页边距"；设置页边距上、下均为 2 厘米，内侧页边距为 2 厘米，外侧页边距为 2.5 厘米；页眉和页脚距边界均为 1.2 厘米；设置仅指定文档行网格，每页 41 行。

完成任务：

步骤：单击【布局】选项卡，单击【页面设置】组中的"扩展"按钮。在【纸张】选项卡下，单击"纸张大小"下拉按钮，选择"信纸"。在【页边距】选项卡下，设置"纸张方向"为"纵向""页码范围"为"对称页边距"，上、下边距均为 2 厘米，内侧页边距为 2 厘米，外侧页边距为 2.5 厘米。在【版式】选项卡下，设置页眉和页脚距边界均为 1.2 厘米。在【文档网格】选项卡下，选中"只指定行网格"单选按钮，设置每页行数为"41"，单击"确定"按钮，如图 1-4 所示。

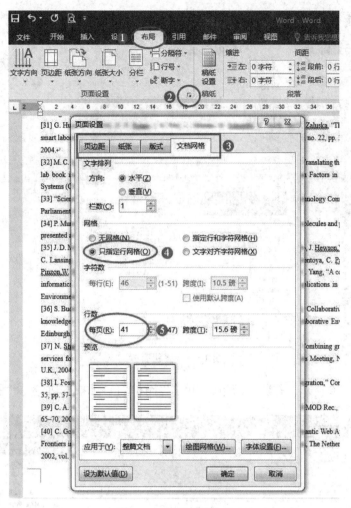

图 1-4　设置文档布局

任务 4:高级替换

删除文档中所有空行和以黄色突出显示的注释性文字,将文档中所有标记为红色字体的文字修改为黑色。

完成任务:

步骤 1:将光标定位在文档开头,在【开始】选项卡下的【编辑】组中,单击"替换"按钮,单击"更多"按钮。将光标定位在"查找内容"文本框中,单击"特殊格式"下拉按钮,选择"段落标记",再次单击"特殊格式"下拉按钮,选择"段落标记"。将光标定位到"替换为"文本框中,单击"特殊格式"下拉按钮,选择"段落标记",如图 1-5 所示。单击"全部替换"按钮,单击"确定"按钮,重复操作,直到提示"全部完成。完成 1 次替换",单击"关闭"按钮。

步骤 2:选中以黄色突出显示的注释性文字,按 Backspace 键删除。

步骤 3:选中一处红色文字,在【编辑】组中,单击"选择"下拉按钮,选择"选择格式相似

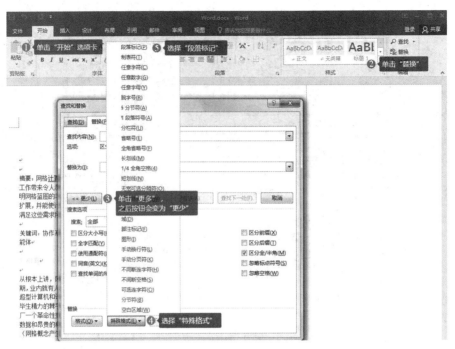

图 1-5　高级替换

的文本”,如图 1-6 所示。在【字体】组中,单击“字体颜色”下拉按钮,选择“黑色,文字 1”。

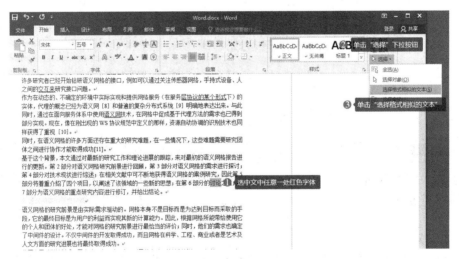

图 1-6　修改格式相似的文本

任务 5:修订引注

　　根据文档批注中指出的引注缺失或引注错误修订文档,并确保文档中所有引注的方括号均为半角的“[]”,修订结束后将文档中的批注全部删除。

完成任务：

步骤 1：找到第一处批注(在【审阅】选项卡的【批注】组中，单击"下一条"按钮，可快速定位)，联系上下文，把这里的"[12]"修改为"[2]"，如图 1-7 所示。

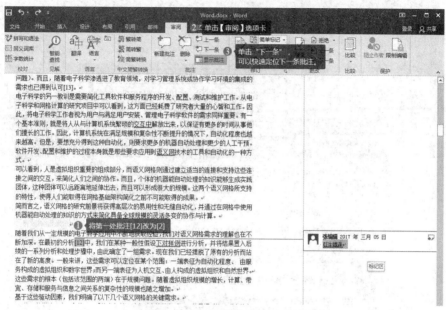

图 1-7　修订批注

步骤 2：找到第二处批注，将光标定位在"中"的右侧，输入"[16]"。

步骤 3：找到第三处批注，将光标定位在"描述"的右侧，输入"[25]"。

步骤 4：找到第四处批注，将光标定位在"项目"的右侧，输入"[37]"。

步骤 5：在【审阅】选项卡下，单击【批注】组中的"删除"下拉按钮，选择"删除文档中的所有批注"。

步骤 6：选中文字"被勾画出来"和"5"之间的"["，按 Ctrl+C 键复制，在【开始】选项卡下，单击【编辑】组中的"替换"按钮，单击"更多"按钮，勾选"区分全/半角"复选框。将光标定位在"查找内容"文本框里，按 Ctrl+V 键粘贴刚才复制的内容，将输入法切换到英文半角状态，在"替换为"文本框中输入"["，单击"全部替换"按钮，在弹出的对话框中，单击"是"按钮，再单击"确定"按钮。替换完成后，单击"关闭"按钮。按照同样的方法，将"5"后面的"]"全部替换为"]"。

任务 6：设置分栏

将文档中"关键词"段落之后的所有段落分为两栏，栏间距为 2 字符，并带有分隔线。

完成任务：

步骤：将光标定位在"关键词"段落之后的第一个段落开头，同时按住 Shift+Ctrl+End 键，选中下面的所有内容，在【布局】选项卡下，单击【页面设置】组中的"分栏"下拉按钮，选择"更多分栏"。在弹出的对话框中，单击"两栏"，勾选"分隔线"复选框，取消"栏宽相等"，设置间距为"2 字符"，单击"确定"按钮，如图 1-8 所示。

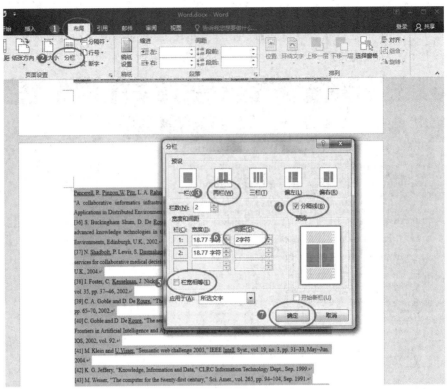

图 1-8 设置分栏

任务7:样式设置与修改

设置文档中的紫色字体文本为论文标题,作者行为副标题,黄色字体文本为节标题,绿色字体文本为小节标题,蓝色字体文本为原文引用内容。依据文章层次,将节标题和小节标题设置为对应的多级标题编号(例如第4节的编号为4,第4节第2小节的编号为4.2)。上述各部分格式设置如下:

内容	大纲级别	字体	字形	字号	字体颜色	对齐方式	段落缩进	段落间距
论文标题	1级(样式:标题)	宋体(中文)Cambria(西文)	加粗	四号	黑色	居中对齐	无	段前0.5行断后0.5行
副标题	正文文本	微软雅黑(中文)Cambria(西文)	常规	五号	黑色	居中对齐	无	
节标题	1级(样式:标题1)	微软雅黑(中文)Cambria(西文)	加粗	小四	黑色	左对齐	无	段前0.5行段后0.5行
小节标题	2级(样式:标题2)	楷体(中文)Cambria(西文)	加粗	五号	黑色	左对齐	无	段前0.2行段后0.2行
原文引用	正文文本	仿宋(中文)Times New Roman(西文)	常规	小五	黑色	两端对齐	首行缩进2字符左侧0.2厘米右侧0.2厘米	段前0.2行段后0.2行

完成任务：

步骤 1：选中紫色文字，在【开始】选项卡下的【样式】组中，单击"其他"下拉按钮，选择
"标题"，如图 1-9 所示。按照同样的方法为作者应用样式"副标题"。

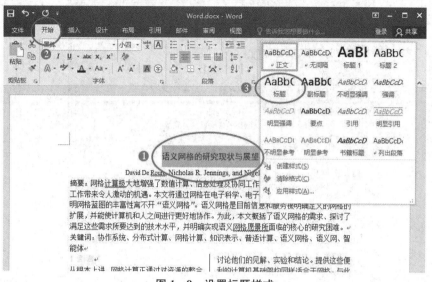

图 1-9　设置标题样式

步骤 2：选中一处黄色字体文本，在【开始】选项卡下的【编辑】组中，单击"选择"下拉按
钮，选择"选择格式相似的文本"，为其应用样式"标题 1"。按照同样的方法，为绿色字体文
本应用"标题 2"，蓝色字体文本应用"引用"，如有遗漏，单独设置

步骤 3：在【开始】选项卡下的【样式】组中，单击"其他"下拉按钮，右键单击"标题"样式，
选择"修改"，如图 1-10 所示。单击"格式"下拉按钮，选择"字体"，如图 1-11 所示。在弹

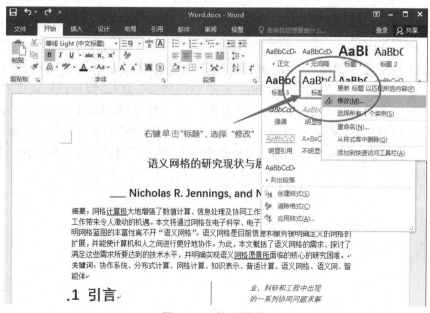

图 1-10　修改样式 1

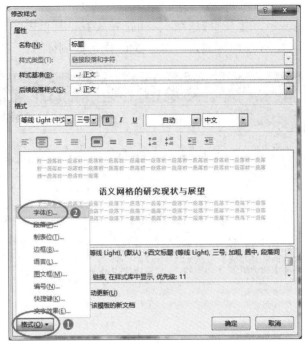

图 1-11 修改样式 2

出的"字体"对话框中,单击"中文字体"下拉按钮,选择"宋体",单击"西文字体"下拉按钮,选择"Cambria","字形"设置为"加粗","字号"设置为"四号","字体颜色"设置为"黑色,文字1",单击"确定"按钮。单击"格式"下拉按钮,选择"段落"。在弹出的"段落"对话框中,设置"对齐方式"为"居中","大纲级别"为"1 级",段前间距为"0.5 行",段后间距为"0.5 行",单击"确定"按钮,再单击"确定"按钮。按照步骤 3 的方法,修改样式"副标题""标题 1""标题2"和"引用"。

步骤 4:将光标定位到第一个节标题处("1 引言"),在【开始】选项卡下的【段落】组中,单击"多级列表"下拉按钮,选择"定义新的多级列表",如图 1-12 所示。单击"更多"按钮,在"单击要修改的级别"中选择"1",在"将级别链接到样式"中选择"标题 1",单击"编号之后"下拉按钮,选择"空格"。在"单击要修改的级别"中选择"2",在"将级别链接到样式"中选择"标题 2",单击"编号之后"下拉按钮,选择"空格",单击"确定"按钮,如图 1-13 所示。

步骤 5:在【视图】选项卡下的【显示】组中,勾选"导航窗格"复选框。通过左侧的导航窗格进行快速定位,依次删除节标题和小节标题中的手动编号(包括手动编号后的空格),如图1-14 所示。

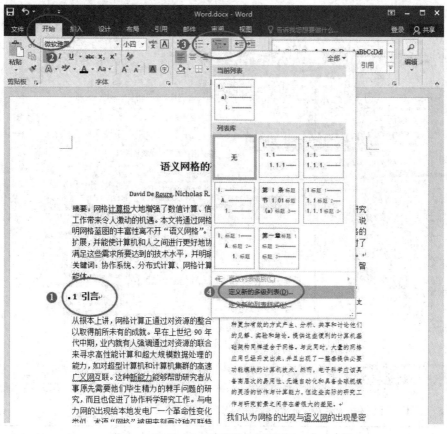

图 1‑12　定义新多级列表 1

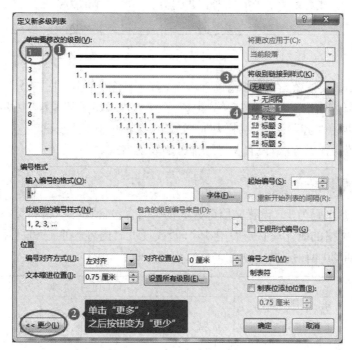

图 1‑13　定义新多级列表 2

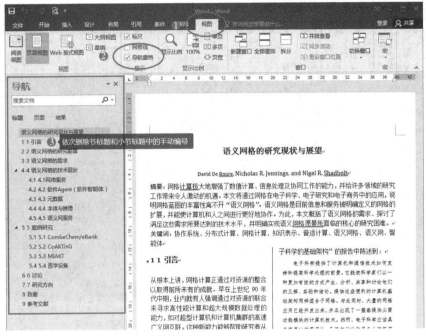

图1-14 删除节标题和小节标题中的手动编号

任务8:设置摘要和关键字

设置文档中的摘要部分和关键词部分的段落格式,如下:

内容	大纲级别	字号	字体颜色	对齐方式	段落缩进
摘要	正文文本	五号	黑色	两端对齐	无
关键词	正文文本	五号	黑色	两端对齐	无

完成任务:

步骤1:选中摘要段落,在【开始】选项卡下的【字体】组中,单击"字号"下拉按钮,选择"五号",单击"字体颜色"下拉按钮,选择"黑色,文字1"。单击【段落】组中的扩展按钮,设置"对齐方式"为"两端对齐""大纲级别"为"正文文本",单击"确定"按钮。

步骤2:按照同样的方法,设置关键词部分的段落格式。

任务9:设置页眉页脚

文档的起始页码为19,设置文档奇数页页眉内容包含文档标题和页码,之间用空格分隔,如"语义网格的研究现状与展望 19";偶数页页眉内容为页码和"前沿技术",之间用空格分隔,如"20 前沿技术";页眉的格式设置如下:

内容	大纲级别	字体	字形	字号	字体颜色	对齐方式	段落缩进
页眉	正文文本	仿宋(中文) Times New Roman (西文)	常规	小五	黑色	奇数页右对齐 偶数页左对齐	无

完成任务：

步骤 1:在【开始】选项卡下，单击【样式】组中的"扩展"按钮，在打开的样式窗格中单击"管理样式"按钮，在"选择要编辑的样式"中选中"页眉"，单击"修改"按钮。单击"格式"下拉按钮，如图 1-15 所示，选择"字体"，设置"中文字体"为"仿宋"，"西文字体"为"Times New Roman"，"字形"为"常规"，"字号"为"小五"，"字体颜色"为"黑色，文字 1"，单击"确定"按钮。单击"格式"下拉按钮，选择"段落"，设置"大纲级别"为"正文文本"，单击三次"确定"按钮，并关闭"样式"窗格。

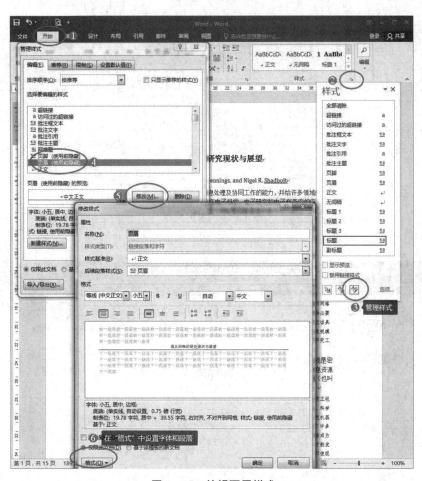

图 1-15　编辑页眉样式

步骤 2:在【插入】选项卡下的【页眉和页脚】组中，单击"页眉"下拉按钮，选择"空白"，如图 1-16 所示。右键单击"键入文字"控件，选择"删除内容控件"，按 Delete 键删除空行。

步骤 3:在【开始】选项卡下，单击【段落】组中的"文本右对齐"按钮。在【页眉和页脚工具】【设计】选项卡下，单击【插入】组中的"文档部件"下拉按钮，选择"文档属性"中的"标题"，如图 1-17 所示。按一下向右方向键，按一下空格键，单击【页眉和页脚】组中的"页码"下拉按钮，选择"当前位置"中的"普通数字"，如图 1-18 所示。再次单击"页码"下拉按钮，选择"设置页码格式"，如图 1-19 所示，选中"起始页码"单选按钮，输入"19"，单击"确定"按钮，如图 1-20 所示。在【选项】组中，勾选"奇偶页不同"复选框。

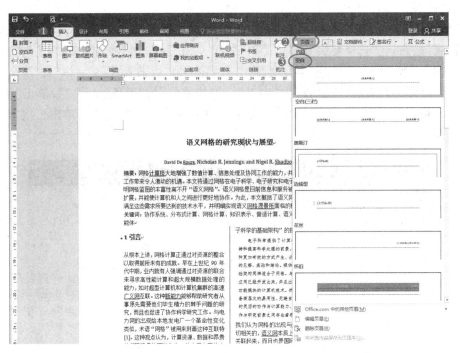

图 1-16　添加页眉

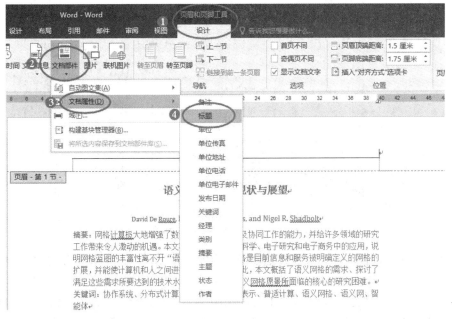

图 1-17　设置页眉内容

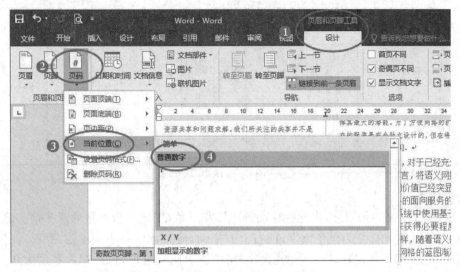

图 1-18　插入页码

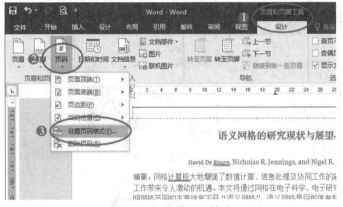

图 1-19　设置页码格式

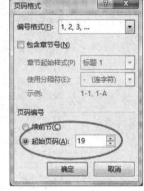

图 1-20　设置起始页码

步骤 4:将光标定位在第二页的页眉处,在【开始】选项卡下,单击【段落】组中的"文本左对齐"按钮。在【页眉和页脚工具】|【设计】选项卡下,单击【页眉和页脚】组中的"页码"下拉按钮,选择"当前位置"中的"普通数字"。按一下空格键,输入"前沿技术",单击"关闭页眉和页脚"按钮。

任务 10:设置图注及参考文献

调整文档中插图的宽度略小于段落宽度,插图图注与正文中对应的"图 1,图 2,……"建立引用关系;参考文献列表编号与论文中对应的引注建立引用关系(仅建立前 10 篇参考文献的引用关系);图注和参考文献的格式设置如下:

内容	大纲级别	字体	字形	字号	字体颜色	对齐方式	段落缩进	段落间距
图注	正文文本	仿宋（中文）Times New Roman（西文）	常规	小五	黑色	居中对齐	无	段前 0 行 段后 0.2 行
参考文献列表	正文文本	宋体（中文）Times New Roman（西文）	常规	小五	黑色	两端对齐	无	

完成任务：

步骤 1：选中第一张图片，将光标移动到图标左下角，变成一个倾斜的双头箭头之后，单击鼠标左键，此时光标变为黑色十字，往右上方拖动，使其宽度略小于段落宽度。设置完成后，在【图片工具】|【格式】选项卡下的【大小】组中查看图片宽度，保证图片宽度大于 6.5 厘米，小于 8 厘米即可，如图 1-21 所示。按照同样的方法调整其他图片的宽度。

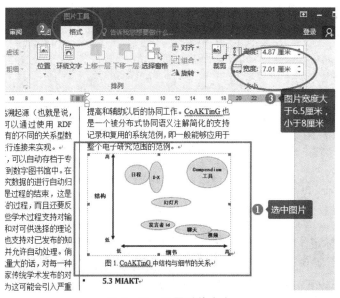

图 1-21　设置图片大小

步骤 2：选中第一张图片下方文字"图 1"，按 Backspace 键删除。在【引用】选项卡下，单击【题注】组中的"插入题注"按钮，单击"标签"下拉按钮，选择"图"（若没有这个标签，则单击"新建标签"按钮，输入"图"，单击"确定"按钮即可），单击"确定"按钮，如图 1-22 所示。删除"图"与"1"之前的空格。

步骤 3：按照同样的方法，插入其他题注。

步骤 4：选中第一张图片上方的"图 1"文字，在【题注】组中，单击"交叉引用"按钮，在"引用类型"中选择"图"，在"引用内容"中选择"只有标签和编号"，在"引用哪一个题注"中选择"图 1"，单击"插入"按钮，单击"关闭"按钮，如图 1-23 所示。

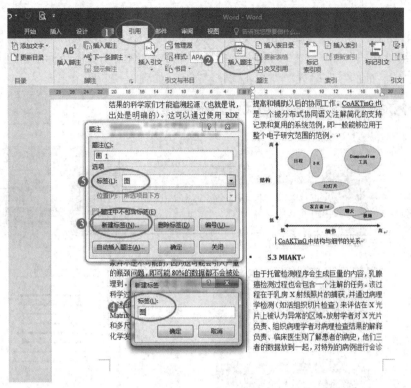

图 1-22　插入题注

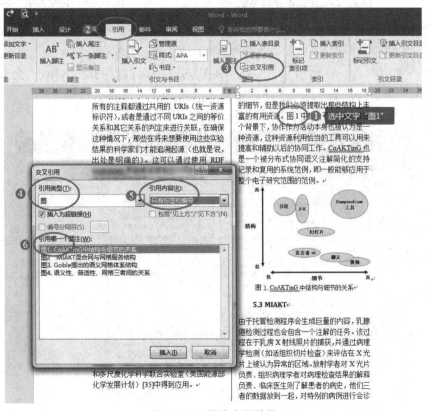

图 1-23　题注交叉引用

步骤5：按照同样的方法设置其他交叉引用。

步骤6：选中所有参考文献，在【开始】选项卡下的【段落】组中，单击"编号"下拉按钮，选择"定义新编号格式"，如图1-24所示。在"编号格式"文本框中，将光标定位到最左侧，输入"["删除"1"后面的"."，输入"]"，单击"确定"按钮，如图1-25所示。

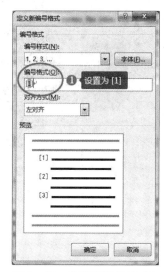

图1-24　定义新编号格式1　　　　　　图1-25　定义新编号格式2

步骤7：保持参考文献被选中的状态，右键单击，选择"调整列表缩进"，单击"编号之后"下拉按钮，选择"空格"，单击"确定"按钮。删除手动编号[1]到[44]。

步骤8：选中论文中的文字"[1]"，在【引用】选项卡下的【题注】组中，单击"交叉引用"按钮，设置"引用类型"为"编号项""引用内容"为"段落编号""引用哪一个编号项"为参考文献中的第一项，单击"插入"按钮，单击"关闭"按钮，如图1-26所示。

图1-26　设置"参考文献"交叉引用

步骤 9:按照同样的方法,为第 2 篇到第 10 篇的参考文献设置引用关系。(可在左侧导航窗格中输入查找的内容,快速定位。)

步骤 10:在【开始】选项卡下的【样式】组中,单击"其他"下拉按钮,在快速样式库中右键单击"题注"样式,选择修改,如图 1-27 所示。单击"格式"下拉按钮,选择"字体",设置"中文字体"为"宋体","西文字体"为"Times New Roman","字形"为"常规","字号"为"小五","字体颜色"为"黑色,文字 1",单击"确定"按钮。单击"格式"下拉按钮,选择"段落",设置"对齐方式"为"居中","大纲级别"为"正文文本","段前间距"为"0 行","段后间距"为"0.2行",单击"确定"按钮。

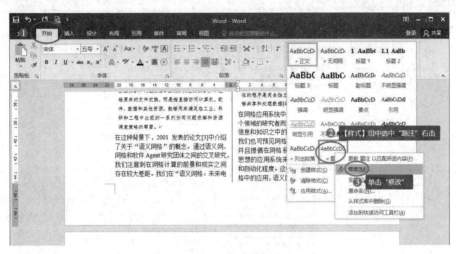

图 1-27　修改"题注"样式

步骤 11:按照步骤 10 的方法,修改参考文献列表所应用的"列出段落"样式的格式。

任务 11:设置正文样式

设置文档中的其他文字内容段落为正文格式,格式设置如下:

内容	大纲级别	字体	字形	字号	字体颜色	对齐方式	段落缩进	段落间距
正文	正文文本	宋体(中文) Times New Roman (西文)	常规	五号	黑色	两端对齐	首行缩进2字符	段前0行 段后0行

完成任务:

步骤:按照任务 10 中步骤 10 的方法,设置"正文"样式的格式。设置完成后,检查是否有遗漏,如有遗漏,为该段落再次应用正文样式。

任务 12:设置小节标题及多级编号

将第 7 节中 10 个研究方向的名称设置为小节标题,编号为多级编号对应的自动编号,":"后面的内容仍保持正文格式,并将":"删除。

完成任务：

步骤 1：将光标定位在"1)虚拟组织的自动生成和管理："右侧，按回车键。选中"："，按 Backspace 键删除。将光标定位在"1) 虚拟组织的自动生成和管理"该段，在【开始】选项卡下的【样式】组中，单击"快速样式库"中的"标题 2"样式，并删除"1)"（编号后面的空格也要删除），如图 1-28 所示。按照同样的方法设置其余研究方向的名称。

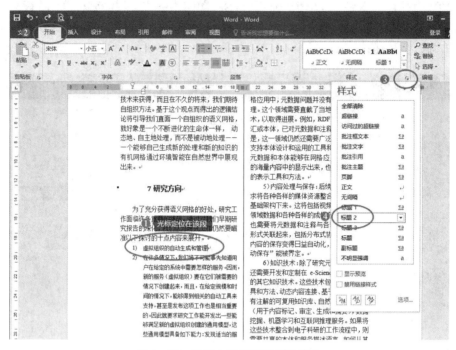

图 1-28　设置小节标题及多级编号

步骤 2：单击"保存"按钮，单击"关闭"按钮。

科技兴国

5G

第五代移动通信技术（5th generation mobile networks 或 5th generation wireless systems、5th-Generation，简称 5G 或 5G 技术）是最新一代蜂窝移动通信技术，也是继 4G、3G 和 2G 系统之后的延伸。5G 的性能目标是高数据速率、减少延迟、节省能源、降低成本、提高系统容量和大规模设备连接，比 4G LTE 蜂窝网络快 100 倍。5G 有如下应用体现：

1. **车联网与自动驾驶**

车联网技术经历了利用有线通信的路侧单元（道路提示牌）以及 2G/3G/4G 网络承载车载信息服务的阶段，正在依托高速移动的通信技术，逐步步入自动驾驶时代。根据中国、美国、日本等国家的汽车发展规划，依托传输速率更高、时延更低的 5G 网络，将在 2025 年全面实现自动驾驶汽车的量产，市场规模达到 1 万亿美元。

2. 远程医疗

2019 年 1 月 19 日，中国一名外科医生利用 5G 技术实施了全球首例远程外科手术。这名医生在福建省利用 5G 网络，操控 30 英里（约合 48 公里）以外一个偏远地区的机械臂进行手术。在进行的手术中，由于延时只有 0.1 秒，外科医生用 5G 网络切除了一只实验动物的肝脏。5G 技术的其他好处还包括大幅减少了下载时间，下载速度从每秒约 20 兆字节上升到每秒 50 千兆字节——相当于在 1 秒钟内下载超过 10 部高清影片。5G 技术最直接的应用很可能是改善视频通话和游戏体验，但机器人手术很有可能给专业外科医生为世界各地有需要的人实施手术带来很大希望。

3. 智能电网

因电网高安全性要求与全覆盖的广度特性，智能电网必须在海量连接以及广覆盖的测量处理体系中，做到 99.999% 的高可靠度；超大数量末端设备的同时接入、小于 20 ms 的超低时延以及终端深度覆盖、信号平稳等是其可安全工作的基本要求。

中国 5G 方案入选世界 5G 标准，国际电信联盟采用华为 5G 标准，打破欧美垄断。正是中国科技在 5G 方面的崛起，引来了西方国家的忌悼，对中国科技开始进行无耻且无休止地打压。截至目前中国已建成 5G 基站达到 40 多万座，全面领先于其他国家，而且国内对于 5G 场景应用的研发也全面领先。

项目 2 设计旅行社新业务文档

2.1 学习目标

随着经济的发展和人民生活水平的提高,旅游已成为人们重要的生活方式和社会活动之一。南城旅行社为了宣传推广 2020 年新开发的德国旅游业务,请公司张经理用 Word 整理编辑一篇介绍德国主要城市的文档,任务主要目标如下:

设置宣传文档的页面颜色和边框,通过文字转换表格功能,对齐德国主要城市位置,并为每个城市添加图片项目符号;运用样式功能,批量设置文字和段落效果;为文档添加德语输入法,输入慕尼黑的德文;将文档隐藏的图片显示出来,并编辑;将文档指定大纲级别按要求排序。

完成后的参考效果如图 2-1 所示。

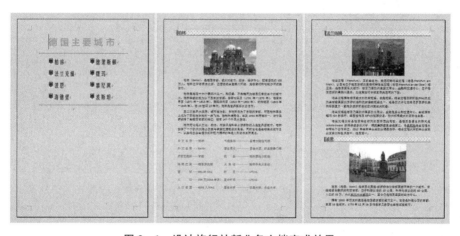

图 2-1 设计旅行社新业务文档完成效果

本案例涉及知识点:页面设置;表格编辑;新建样式;设置大纲级别;添加编辑语言;显示隐藏图片;设置题注;设置参考文献。

2.2 相关知识

1. 设置分隔符

文档的不同部分有时需要从一个新的页面开始,如果用加入多个空行的方法使新的部分另起一页,会导致修改文档时重复排版,从而增加了工作量,降低了工作效率。借助 Word 的分页或分节操作,可以有效划分文档内容的布局,而且使文档排版工作简洁高效。

2. 制表位的使用

文档编排的时候,发现有些时候文字很难对齐,因为全角半角的关系,用空格键有时候怎么也对不齐,用制表位可以快速解决。

　　制表位是指在水平标尺上的位置,指定文字缩进的距离或一栏文字的开始之处,利用制表位可以把文字排列得像有表格线一样整齐。

　　3. 添加其他编辑语言

　　在文档内容输入时,有时会要求输入除中文和英文以外的其他语言文字,这时可以用Word"添加其他语言"功能进行设置,语言设置好后需要关闭所有 Microsoft Office 程序,再重新打开 Word。按住 Shift+Alt 组合键,可以将输入法进行切换。

2.3　项目实施

【微信扫码】
项目微课

　　本案例实施的基本流程如下:

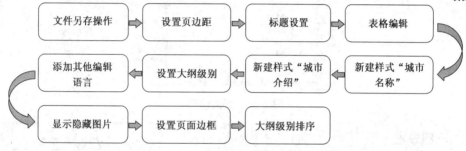

任务 1:文件另存操作

　　在项目文件夹下,将"Word 素材. docx"文件另存为"Word. docx"(". docx"为扩展名),后续操作均基于此文件。

　　完成任务:
　　步骤:打开项目文件夹下的"Word 素材. docx",单击【文件】选项卡,选择"另存为"。在弹出的对话框中输入文件名"Word. docx",单击"保存"按钮。

任务 2:设置页边距

　　修改文档的页边距,上、下为 2.5 厘米,左、右为 3 厘米。

　　完成任务:
　　步骤:在【布局】选项卡下,单击【页面设置】组中的扩展按钮,在弹出的"页面设置"对话框中,设置上、下页边距均为 2.5 厘米,左、右页边距均为 3 厘米,单击"确定"按钮,如图2-2 所示。

图 2-2 页面设置

任务 3：标题设置

将文档标题"德国主要城市"设置为如下格式：

字体	微软雅黑，加粗
字号	小初
对齐方式	居中
文本效果	填充—橄榄色，着色 3，锋利棱台
字符间距	加宽，6 磅
段落间距	段前间距：1 行；段后间距：1.5 行

完成任务：

步骤 1：选中文档标题"德国主要城市"，在【字体】组中单击"文本效果"下拉按钮，在样式中选择"填充—橄榄色，着色 3，锋利棱台"，如图 2-3 所示。

步骤 2：选中文档标题，在【开始】选项卡下单击【字体】组中的扩展按钮。在弹出的"字体"对话框中，单击"中文字体"下拉按钮，选择"微软雅黑"；在"字形"中选择"加粗"；在"字号"中选择"小初"。单击"高级"选项卡，单击"间距"下拉按钮，选择"加宽"，磅值设置为 6 磅，单击"确定"按钮，如图 2-4 所示。

步骤 3：选中文档标题，在【开始】选项卡下单击【段落】组中的扩展按钮，在弹出的"段落"对话框中，单击"对齐方式"下拉按钮，选择"居中"，段前间距设置为 1 行，段后间距设置为 1.5 行，单击"确定"按钮，如图 2-5 所示。

图 2-3　文本效果

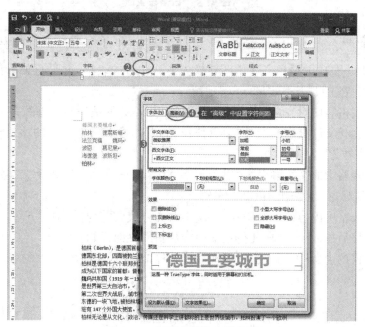

图 2-4　设置字体和字符间距

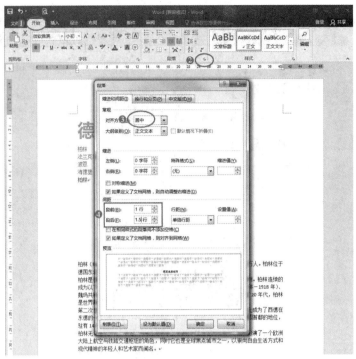

图 2-5　段落设置

任务 4:表格编辑

将文档第 1 页中的绿色文字内容转换为 2 列 4 行的表格,并进行如下设置(效果可参考素材文件夹下的"表格效果.png"示例):

① 设置表格居中对齐,表格宽度为页面的 80%,并取消所有的框线;

② 使用素材文件夹中的图片"项目符号.png"作为表格中文字的项目符号,并设置项目符号的字号为"小一";

③ 设置表格中的文字颜色为"黑色",字体为"方正姚体",字号为"二号",其在单元格内中部两端对齐,并左侧缩进 2.5 字符;

④ 修改表格中内容的中文版式,将文本对齐方式调整为"居中对齐";

⑤ 在表格后插入分页符,使得正文内容从新的页面开始;

⑥ 在表格的上、下方插入恰当的横线作为修饰。

完成任务:

步骤 1:选中文档第 1 页的绿色文字内容,在【插入】选项卡下的【表格】组中单击"表格"下拉按钮,选择"文本转换成表格",在弹出的对话框中单击"确定"按钮,如图 2-6 所示。切换到【表格工具】|【布局】选项卡下,单击【单元格大小】组中的扩展按钮,弹出"表格属性"对话框,在"表格"选项卡下,勾选"指定宽度"左侧的复选框,在右侧文本框中输入"80%",单击"确定"按钮,如图 2-7 所示。在【表格工具】|【设计】选项卡下的【边框】组中,单击"边框"下拉按钮,选择"无框线",如图 2-8 所示。在【开始】选项卡下的【段落】组中,单击"居中"按钮。

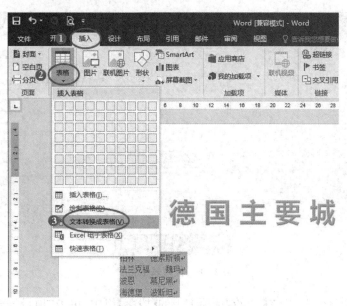

图 2-6　文本转换成表格

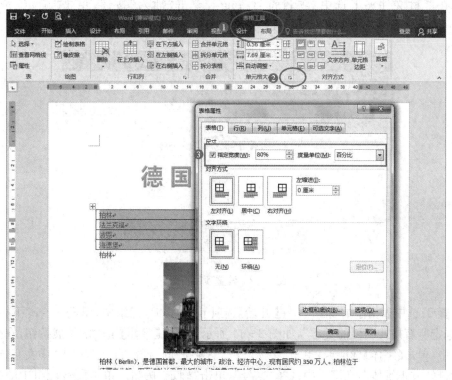

图 2-7　表格指定宽度

图 2-8 设置表格边框

步骤2:选中整个表格,在【开始】选项卡下的【段落】组中,单击"项目符号"下拉按钮,选择"定义新项目符号",如图2-9所示。在弹出的对话框中,单击"图片"按钮,单击"从文件浏览",在素材文件夹下选中"项目符号.png",单击"插入"按钮,单击"确定"按钮,如图2-10所示。单击选中项目符号,在【字体】组中单击"字号"下拉按钮,选择"小一"。

图 2-9 设置项目符号

步骤3:选中表格中的"柏林",在【开始】选项卡下的【编辑】组中,单击"选择"下拉按钮,选择"选定所有格式类似的文本",如图2-11所示。单击【字体】组中的扩展按钮,在弹出的对话框中,单击【字体】选项卡,单击"字体颜色"下拉按钮,选择"自动",单击"中文字体"下拉按钮,选择"方正姚体",在字号中选择"二号",单击"确定"按钮。单击【段落】组中的扩展按钮,单击"对齐方式"下拉按钮,选择"两端对齐",设置左侧缩进2.5字符。切换到【中文版式】选项卡下,单击"文本对齐方式"下拉按钮,选择"居中",单击"确定"按钮,如图2-12所示。选中整个表格,单击【表格工具】|【布局】选项卡下【对齐方式】组中的"中部两端对齐"按钮。

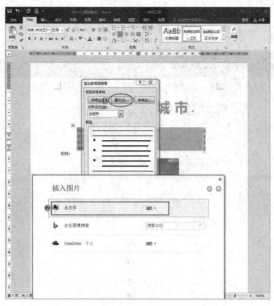

图 2-10 定义新项目符号

图 2-11 选定所有格式类似的文本

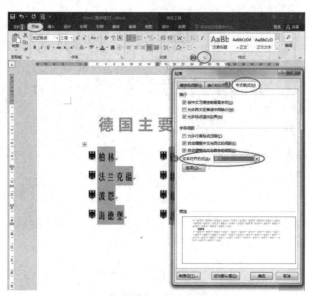

图 2-12 设置段落文本对齐方式

步骤4:将光标定位在表格下方红色文字"柏林"左侧,在【布局】选项卡下的【页面设置】组中,单击"分隔符"下拉按钮,选择"分页符",如图2-13所示。

图2-13 设置分页符

步骤5:在【插入】选项卡下的【插图】组中,单击"形状"下拉按钮,选择"直线",如图2-14所示。按住Shift键,在表格上方画出直线,按照同样的方法,在表格下方画出直线。

图2-14 绘制直线

任务 5：新建样式"城市名称"

　　为文档中所有红色文字内容应用新建的样式，要求如下（效果可参考素材文件夹中的"城市名称. png"示例）：

样式名称	城市名称
字体	微软雅黑，加粗
字号	三号
字体颜色	深蓝，文字 2
段落样式	段前、段后间距为 0.5 行，行距为固定值 18 磅，并取消相对于文档网络的对齐；设置与下段同页，大纲级别为 1 级
边框	边框类型为"方框"，颜色为"深蓝，文字 2"，左框线宽度为 4.5 磅，下框线宽度为 1 磅，框线紧贴文字（到文字间距磅值为 0），取消上方和右侧框线
底纹	填充颜色为"蓝色，个性色 1，淡色 80％"，图案样式为"5％"，颜色为自动

完成任务：

　　步骤 1：将光标定位在红色文字"柏林"中，在【开始】选项卡下，单击【样式】组中的扩展按钮。单击下方的"新建样式"按钮，在弹出的"根据格式设置创建新样式"对话框，输入名称为"城市名称"。单击"字体"下拉按钮，选择"微软雅黑"，单击"字号"下拉按钮，选择"三号"，单击"加粗"按钮。单击"字体颜色"下拉按钮，选择主题颜色中的"深蓝，文字 2"，如图 2-15 所示。

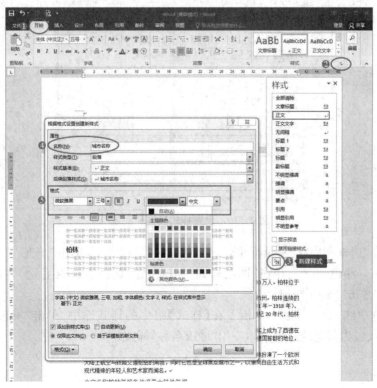

图 2-15　新建样式

步骤2：单击"格式"下拉按钮，选择"段落"。切换到"缩进和间距"选项卡下，单击"大纲级别"下拉按钮，选择"1级"。设置段前间距和段后间距均为0.5行。单击"行距"下拉按钮，选择"固定值"，设置值为"18磅"。取消勾选"如果定义了文档网格，则对齐到网格"复选框。切换到【换行和分页】选项卡下，勾选"与下段同页"复选框，单击"确定"按钮。

步骤3：单击"格式"下拉按钮，选择"边框"。单击"方框"按钮，单击"上框线"和"右框线"按钮，取消框线。单击颜色下拉按钮，选择"深蓝，文字2"，单击"宽度"下拉按钮，选择"4.5磅"，单击两次"左框线"按钮。再次单击"宽度"下拉按钮，选择"1.0磅"，单击两次"下框线"按钮。单击"选项"按钮，在"距正文边距"中，设置左和下均为"0磅"，单击"确定"按钮，如图2-16所示。

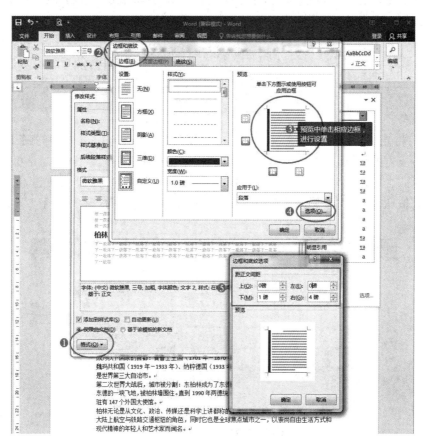

图2-16 设置样式边框和底纹

步骤4：在"边框和底纹"对话框中，切换到【底纹】选项卡下，单击"填充"下拉按钮，选择"蓝色，个性色1，淡色80%"，单击"图案样式"下拉按钮，选择5%，颜色为"自动"，单击"确定"按钮，再次单击"确定"按钮。

步骤5：选中红色文字"法兰克福"，在【样式】组中的样式库中，单击"城市名称"样式。按照同样的方法，为其他的红色字体应用"城市名称"样式。

任务6:新建样式"城市介绍"

为文档正文中除了蓝色的所有文本应用新建立的样式,要求如下:

样式名称	城市介绍
字号	小四号
段落样式	两端对齐,首行缩进2字符,段前、段后间距0.5行,并取消相对于文档网格的对齐

完成任务:

步骤:将光标定位在黑色正文文字中,按照任务5的步骤,新建样式"城市介绍",并为正文中除了蓝色的所有文本应用该样式。

任务7:设置大纲级别

取消标题"柏林"下方蓝色文本段落中的所有超链接,并按如下要求设置格式(效果可参考素材文件夹中的"柏林一览.png"示例):

设置并应用段落制表位	8字符,左对齐,第5个前导符样式 18字符,左对齐,无前导符 28字符,左对齐,第5个前导符样式
设置文字宽度	将第1列文字宽度设置为5字符 将第3列文字宽度设置为4字符

完成任务:

步骤1:选中蓝色部分文字,Ctrl+C快捷键复制,鼠标定位到中文名称前,按Enter键,鼠标定位到上一行,右击鼠标,选择"粘贴"选项中的"只保留文本",选中之前的蓝色部分文字,按Delete键删除。

步骤2:选中蓝色文字"中文名称……自由大学",在【开始】选项卡下,单击【段落】组中的扩展按钮,在弹出的段落对话框中,单击"制表位"按钮,如图2-17所示。在"制表位位置"文本框中,输入"8字符"。在对齐方式中选择"左对齐",在前导符中选择第5个前导符样式,单击设置按钮,如图2-18所示。按照同样的方法设置另外两个制表位,设置完成后,单击"确定"按钮。

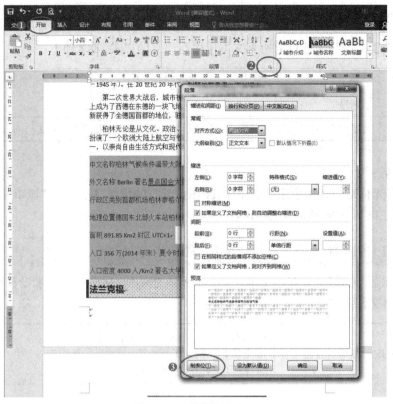

图 2-17 设置制表位 1

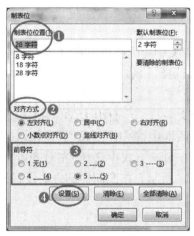

图 2-18 设置制表位 2

步骤 3:将光标定位在蓝色字体"中文名称"后,按 Tab 键;光标定位到"柏林"后,按 Tab 键;光标定位到"气候条件"后,按 Tab 键。按照同样的方法设置其他行文字。

步骤 4:选中蓝色文字中的"中文名称",在【开始】选项卡下的【段落】组中,单击"中文版式"下拉按钮,选择"调整宽度",如图 2-19 所示。在弹出的对话框中,在"新文字宽度"的文本框中输入"5 字符",单击"确定"按钮。选中设置好的文字,双击【剪贴板】组中的格式刷按钮,选中第一列第二行中的"外文名称"文字,即可将"外文名称"的字符宽度调整为 5 字符。

按照同样的方法设置第一列其他文字的文字宽度,设置完成后,再次单击"格式刷"按钮取消格式刷。按照同样的方法设置第 3 列文字宽度为 4 字符。

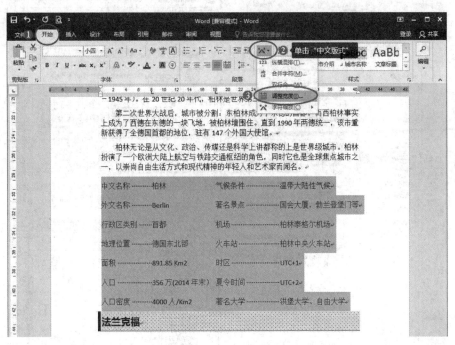

图 2 - 19　调整字符宽度

任务 8:添加其他编辑语言

将标题"慕尼黑"下方的文本"Muenchen"修改为"München"。

完成任务:

步骤 1:在【审阅】选项卡下单击"语言"下拉按钮,选择"语言首选项"。在弹出的"Word 选项"对话框中,在【语言】选项卡下,单击右侧的"添加其他编辑语言"下拉按钮,选择"德语(德国)",单击右侧"添加"按钮。此时德语(德国)的键盘布局显示未启用,单击"未启用",弹出"文本服务和输入语言"对话框,单击"添加"按钮,弹出"添加输入语言"对话框,在对话框中单击"德语(德国)"前面的加号,再单击键盘前面的加号,勾选"德语"复选框,单击"确定"按钮。此时德语(德国)的键盘布局显示启用,单击"确定"按钮,如图 2 - 20 所示。在弹出的对话框中再次单击"确定"按钮,此时需要重新启动 Office。

步骤 2:单击文档"Word. docx"的"保存"按钮,再单击"关闭"按钮。关闭所有其他的 Microsoft Office 程序,再重新打开素材文件夹下的"Word. docx"。

步骤 3:将光标定位在文字"Muenchen"处,选中"ue",按 Delete 键删除。按住 Shift+Alt 组合键,将输入法切换到德语。将光标定位到"M"之后,按住字母 P 右侧的键,即可输入"ü",再按 Shift+Alt 组合键,将输入法切换回中文状态即可。

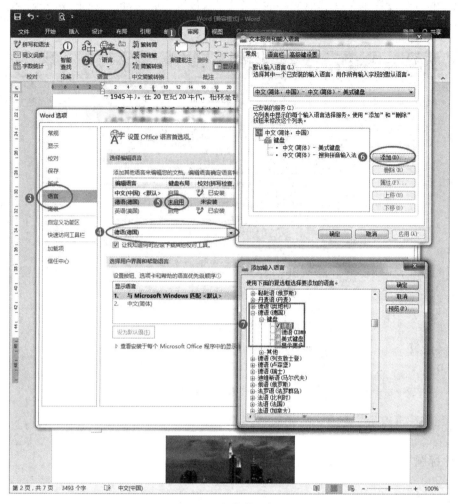

图 2‑20   添加其他编辑语言

任务 9:显示隐藏图片

在标题"波斯坦"下方,显示名为"会议图片"的隐藏图片。

完成任务:

步骤:将光标定位在文档最后一页,在【布局】选项卡下的【排列】组中,单击"选择窗格"按钮,在弹出的"选择和可见性"窗口中,单击"会议图片"右侧的按钮,即可将隐藏图片显示出来,如图 2‑21 所示,设置完成后关闭窗口。

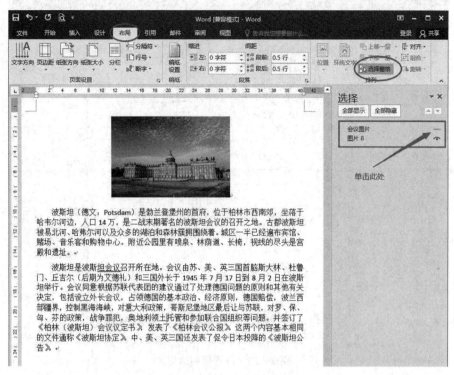

图 2-21 显示隐藏图片

任务 10:设置页面边框

为文档设置"阴影"型页面边框及恰当的页面颜色,并设置打印时可以显示,保存"Word.docx"文件。

完成任务:

步骤 1:在【设计】选项卡下的【页面背景】组中,单击"页面边框"按钮,在弹出的"边框和底纹"对话框中,单击"阴影"按钮,单击"确定"按钮,如图 2-22 所示。

步骤 2:在【页面背景】组中,单击"页面颜色"下拉按钮,选择一种合适的颜色。

步骤 3:在【布局】选项卡下单击【页面设置】组中的扩展按钮,切换到【纸张】选项卡下,单击"打印选项"按钮,如图 2-23 所示。在"打印选项"中勾选"打印背景色和图像"复选框,单击"确定"按钮,再次单击"确定"按钮。

步骤 4:单击"保存"按钮,保存"Word.docx"文件。

图 2-22　设置页面边框

图 2-23　设置打印页面背景

任务 11：大纲级别排序

将"Word.docx"文件另存为"笔画顺序.docx"到素材文件夹；在"笔画顺序.docx"文件中，将所有的城市名称标题（包含下方的介绍文字）按照笔画顺序升序排列，并删除该文档第一页中的表格对象。

完成任务：

步骤 1：单击【文件】选项卡，选择"另存为"。在弹出的对话框中输入文件名"笔画顺序.docx"，单击"保存"按钮。

步骤 2：选中第一页中的整个表格，右键单击选中区域，选择"删除表格"。

步骤 3：单击【视图】选项卡，在【文档视图】组中单击"大纲视图"按钮，切换到大纲视图。

步骤 4：在【大纲】选项卡下的【大纲工具】组中，单击"显示级别"右侧下拉按钮，选择"1 级"。此时页面只显示城市名称，如图 2-24 所示。

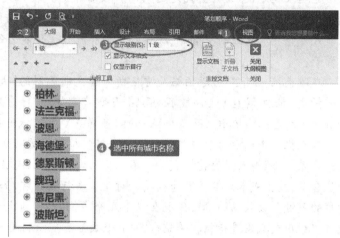

图 2-24　大纲视图

步骤 5：选中所有城市名称，切换到【开始】选项卡下，单击【段落】组中的"排序"按钮，弹出"排序文字"对话框。在"主要关键字"中选择"段落数"，在"类型"中选择"笔划"，选中"升序"单选按钮，单击"确定"按钮，如图 2-25 所示。

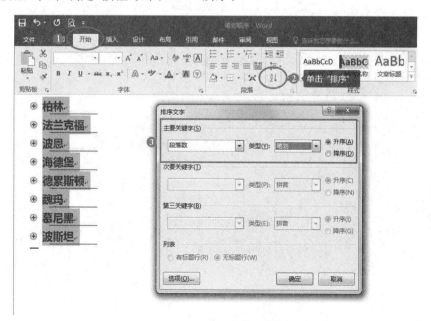

图 2-25　城市名称标题排序

步骤6：在【大纲】选项卡下单击"关闭大纲视图"按钮，单击"保存"按钮，单击"关闭"按钮，关闭"笔画顺序.docx"文件。

科技兴国

大数据

现在的社会是一个高速发展的社会，科技发达，信息流通，人们之间的交流越来越密切，生活也越来越方便，大数据就是这个高科技时代的产物。大数据（big data），IT 行业术语，是指无法在一定时间范围内用常规软件工具进行捕捉、管理和处理的数据集合，是需要新处理模式才能具有更强的决策力、洞察发现力和流程优化能力的海量、高增长率和多样化的信息资产。

在维克托·迈尔-舍恩伯格及肯尼斯·库克耶编写的《大数据时代》中大数据指不用随机分析法（抽样调查）这样捷径，而采用所有数据进行分析处理。大数据的 5V 特点：Volume（大量）、Velocity（高速）、Variety（多样）、Value（低价值密度）、Veracity（真实性）。

有人把数据比喻为蕴藏能量的煤矿。煤炭按照性质有焦煤、无烟煤、肥煤、贫煤等分类，而露天煤矿、深山煤矿的挖掘成本又不一样。与此类似，大数据并不在"大"，而在于"有用"。价值含量、挖掘成本比数量更为重要。对于很多行业而言，如何利用这些大规模数据是赢得竞争的关键。大数据的价值体现在以下几个方面：（1）对大量消费者提供产品或服务的企业可以利用大数据进行精准营销；（2）中小微企业可以利用大数据做服务转型；（3）面临互联网压力之下必须转型的传统企业需要与时俱进充分利用大数据的价值。

项目 3　设计制作求职简历

3.1　学习目标

　　求职简历是求职者将自己与所申请职位紧密相关的个人信息经过分析整理并清晰简要地表述出来的书面求职资料。张静同学即将毕业,她设计制作了求职简历,向招聘单位展示自己的基本信息、实习经历、学习成果等内容。张静求职简历示例样式如项目文件夹"简历参考样式.jpg"所示,简历制作的要求如下:

　　在简历中用两个矩形,填充不同颜色,修饰背景;用艺术字,突显张静同学应聘的想法;用 SmartArt 图形展示其工作经历。

　　完成后的参考效果如图 3-1 所示。

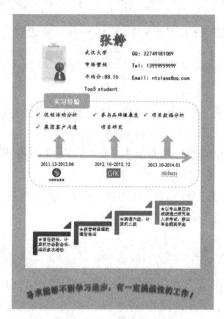

图 3-1　设计制作求职简历完成效果

　　本案例涉及知识点:页面设置;设置文档背景;插入形状并编辑;设置文本框;插入SmartArt 图形;设置项目符号。

3.2　相关知识

　　SmartArt 图形能够直观的表现各种层级关系、附属关系、并列关系或循环关系等常用的关系结构。SmartArt 图形在样式设置、形状修改以及文字美化等方面与图形和艺术字的设置方法完全相同。

创建 SmartArt 图形时,系统将提示您选择一种 SmartArt 图形类型,例如"流程""层次结构""循环"或"关系"。类型类似于 SmartArt 图形类别,而且每种类型包含几个不同的布局。

3.3 项目实施

【微信扫码】
项目微课

本案例实施的基本流程如下:

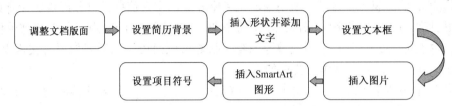

任务 1:调整文档版面

在项目文件夹下,新建文档,要求纸张大小为 A4,页边距(上、下)为 2.5 厘米,页边距(左、右)为 3.2 厘米。

完成任务:

步骤 1:打开项目文件夹,右键单击文件夹空白处。选择"新建"中的"Microsoft Word 文档",输入文件名"Word. docx",按 Enter 键确认。

步骤 2:打开"Word. docx",单击【布局】选项卡,在【页面设置】组中单击扩展按钮,切换到【纸张】选项卡,将"纸张大小"设为"A4"。

步骤 3:切换到【页边距】选项卡,将"页边距"的上、下、左、右分别设为 2.5 厘米、2.5 厘米、3.2 厘米、3.2 厘米。单击"确定"按钮。

任务 2:设置简历背景

根据页面布局需要,在适当的位置插入标准色为橙色与白色的两个矩形,其中橙色矩形占满 A4 幅面,文字环绕方式设为"浮于文字上方",作为简历的背景。

完成任务:

步骤 1:单击【插入】选项卡,在【插图】组中单击"形状"下拉按钮,选择"矩形",并在文档中进行绘制,绘制完成后,在【绘图工具】|【格式】选项卡下的【大小】组中,设置形状高度 29.7 厘米,宽度 21 厘米。适当调整矩形的位置,使其占满整个 A4 幅面。

步骤 2:选中矩形,在【形状样式】组中,设置"形状填充"为"橙色",设置"形状轮廓"为"无轮廓"。

步骤 3:选中矩形,单击【排列】组中的"环绕文字"下拉按钮,选择"浮于文字上方"。

步骤 4:在橙色矩形上方按步骤 1 同样的方式创建一个白色矩形,并将其设为"浮于文字上方","形状填充"设为"主题颜色"下的"白色,背景 1","形状轮廓"设为"无轮廓"。

任务 3:插入形状并添加文字

参照示例文件,插入标准色为橙色的圆角矩形,并添加文字"实习经验",插入 1 个短划线的虚线圆角矩形框。

完成任务:

步骤 1:切换到【格式】选项卡,在【插入形状】组中单击"形状"下拉按钮,选择"矩形:圆角",参考示例图片,在合适的位置绘制圆角矩形,将圆角矩形的"形状填充"设为"橙色","形状轮廓"设置为"无轮廓"。

步骤 2:右键单击所绘制的圆角矩形,选择"添加文字",在其中输入文字"实习经验",并选中"实习经验",单击【开始】选项卡下【字体】组中的"增大字体"按钮,单击"加粗"按钮。

步骤 3:根据参考样式,再次绘制一个"矩形:圆角",并调整此圆角矩形的大小。

步骤 4:选中此圆角矩形,在【绘图工具】|【格式】选项卡下的【形状样式】组中,将"形状填充"设为"无填充颜色",在"形状轮廓"中选择"虚线"下的"短划线",颜色设为"橙色"。

步骤 5:选中圆角矩形,单击【排列】组中的"下移一层"按钮。

任务 4:设置文本框

参照示例文件,插入文本框和文字,并调整文字的字体、字号、位置和颜色。其中"张静"应为标准色橙色的艺术字,"寻求能够……"文本效果应为跟随路径的"拱形"。

完成任务:

步骤 1:在【格式】选项卡下【插入形状】组中选择"文本框",参考示例文件,在虚线圆角矩形框中合适的位置从左至右绘制三个文本框,并填入文字。在【开始】选项卡下并调整文字的字体、字号、位置和颜色,此处要求字号大于 12,可设置为"华文楷体,13 磅"。

步骤 2:选中文本框,单击【绘图工具】|【格式】选项卡,在【形状样式】组中将"形状填充"设为"无填充颜色","形状轮廓"设为"无轮廓"。

步骤 3:按照以上步骤绘制其他文本框(张静的资料和橙色箭头下的日期),并填入文字(文字素材在项目文件夹中的"Word 素材.txt"中),设置文本框格式。

步骤 4:单击【插入】选项卡,在【文本】组中单击"艺术字"下拉按钮,选择艺术字,并输入文字"张静",适当调整文字的位置和大小,此处字号应大于 20,可设置为"华文楷体,小初号"。选中艺术字,在【格式】选项卡下的【艺术字样式】组中单击"文本填充"下拉按钮,选择"橙色",单击"文本轮廓"下拉按钮,选择"橙色"。

步骤 5:插入另一个艺术字"寻求能够不断学习进步,有一定挑战性的工作!",适当调整艺术字的位置和大小。切换到【绘图工具】|【格式】选项卡,在【艺术字样式】组中单击"文本效果"下拉按钮,选择"转换"—"跟随路径"—"上弯弧"。

任务 5:插入图片

根据页面布局需要,插入项目文件夹下图片"1.png",依据样例进行裁剪和调整,并删除图片的剪裁区域;然后根据需要插入图片"2.jpg""3.jpg""4.jpg",并调整图片位置。

完成任务:

步骤 1:在【插入】选项卡下的【插图】组中单击"图片"按钮,在弹出的"插入图片"对话框中定位到项目文件夹下,选择"1.png",单击"插入"按钮。

步骤 2:在【格式】选项卡下的【排列】组中单击"环绕文字"下拉按钮,选择"浮于文字上方"。单击【大小】组中的"裁剪"按钮,拖动四周的轮廓线进行裁剪,调整到合适的图案后再次单击"裁剪"按钮确认裁剪,并将图片拖动到合适位置。

步骤 3:以同样的方法插入"2.jpg""3.jpg""4.jpg",注意要设置"浮于文字上方",再将其移动到合适的位置。

任务 6:插入"SmartArt"图形

参照示例文件,在适当的位置使用形状中的标准色橙色箭头(提示:其中横向箭头使用线条类型箭头),插入"SmartArt"图形,并进行适当编辑。

完成任务:

步骤 1:在【格式】选项卡下【插入形状】组中,单击"形状"下拉按钮,选择"线条"中的"箭头",按住 Shift 键,参考示例文件,在合适的位置绘制一个箭头,在"形状轮廓"中选择橙色,并设置"粗细"为4.5磅。

步骤 2:按照同样的方法,绘制"箭头总汇"中的"箭头:上",设置"形状填充"为"橙色","形状轮廓"为"无轮廓"。

步骤 3:切换到【插入】选项卡,在【插图】组中单击"SmartArt"按钮,选择"流程"—"步骤上移流程",单击"确定"按钮,如图 3-2 所示。

图 3-2 插入 SmartArt 图形

步骤 4:选中 SmartArt 图形,单击【SmartArt 工具】|【格式】选项卡,单击【排列】组中的"环绕文字"下拉按钮,选择"浮于文字上方",并将图形拖动到适当位置,调整图形大小。

步骤 5:在【SmartArt 工具】|【设计】选项卡下,单击【创建图形】组中的"文本窗格"按钮,在文本窗格中输入对应的文字,输入完成后,关闭文本窗格,如图 3-3 所示。

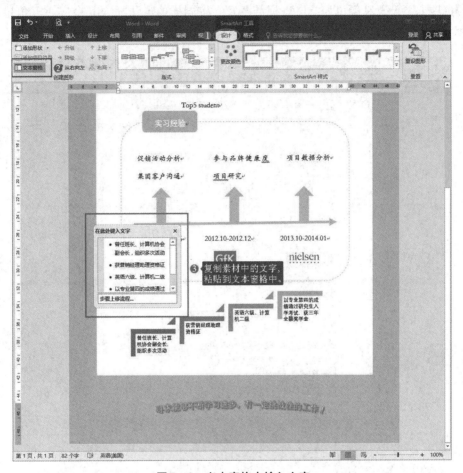

图 3-3 文本窗格中输入文字

步骤 6:切换到【SmartArt 工具】|【设计】选项卡,在【SmartArt 样式】组中,单击"更改颜色"下拉按钮,选择"个性色 2"中的"渐变范围—个性色 2"。

任务 7:设置项目符号

参照示例文件,在"促销活动分析"等 4 处使用项目符号"对勾",在"曾任班长"等 4 处插入符号"五角星"、颜色为标准色红色。调整各部分的位置、大小、形状和颜色,以展现统一、良好的视觉效果。

完成任务:

步骤 1:选中"促销活动分析"文本框的文字,单击【开始】选项卡下【段落】组中的"项目符号"下拉按钮,在"项目符号库"中选择"对勾"符号。用同样的方法设置其余 2 个文本框内文字。

步骤 2：将光标定位到 SmartArt 图形中第一段文字最左侧，单击【插入】选项卡下【符号】组中的"符号"下拉按钮，选择"其他符号"。在"字体"中选择"Windings"，选择该分类下的实心五角星（字符代码为"171"），单击"插入"按钮，单击"关闭"按钮。选中该五角星，在【开始】选项卡下设置其颜色为"红色（标准色）"。按同样的方法插入其余实心五角星，如图 3-4 所示。

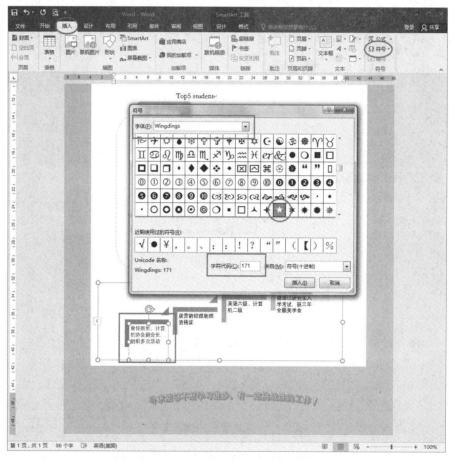

图 3-4　插入五角星符号

步骤 3：保存并关闭文档。

科技兴国

云计算

云计算（cloud computing）是分布式计算的一种，指通过网络"云"将巨大的数据计算处理程序分解成无数个小程序，然后，通过多部服务器组成的系统进行处理和分析这些小程序得到结果并返回给用户。云计算早期，简单地说，就是简单的分布式计算，解决任务分发，并进行计算结果的合并。因而，云计算又称为网格计算。通过这项技术，可以在很短的时间内

（几秒钟）完成对数以万计的数据的处理，从而达到强大的网络服务。

较为简单的云计算技术已经普遍服务于现如今的互联网服务中，最为常见的就是网络搜索引擎和网络邮箱。搜索引擎大家最为熟悉的莫过于谷歌和百度了，在任何时刻，只要用过移动终端就可以在搜索引擎上搜索任何自己想要的资源，通过云端共享数据资源。而网络邮箱也是如此，在过去，寄写一封邮件是一件比较麻烦的事情，同时也是很慢的过程，而在云计算技术和网络技术的推动下，电子邮箱成了社会生活中的一部分，只要在网络环境下，就可以实现实时的邮件的寄发。其实，云计算技术已经融入现今的社会生活。

1. 存储云

存储云，又称云存储，是在云计算技术上发展起来的一个新的存储技术。云存储是一个以数据存储和管理为核心的云计算系统。用户可以将本地的资源上传至云端上，可以在任何地方连入互联网来获取云上的资源。大家所熟知的谷歌、微软等大型网络公司均有云存储的服务，在国内，百度云和微云则是市场占有量最大的存储云。存储云向用户提供了存储容器服务、备份服务、归档服务和记录管理服务等等，大大方便了使用者对资源的管理。

2. 医疗云

医疗云，是指在云计算、移动技术、多媒体、4G 通信、大数据、以及物联网等新技术基础上，结合医疗技术，使用"云计算"来创建医疗健康服务云平台，实现了医疗资源的共享和医疗范围的扩大。因为云计算技术的运用与结合，医疗云提高医疗机构的效率，方便居民就医。像现在医院的预约挂号、电子病历、医保等等都是云计算与医疗领域结合的产物，医疗云还具有数据安全、信息共享、动态扩展、布局全国的优势。

3. 教育云

教育云，实质上是指教育信息化的一种发展。具体的，教育云可以将所需要的任何教育硬件资源虚拟化，然后将其传入互联网中，向教育机构和学生老师提供一个方便快捷的平台。现在流行的慕课就是教育云的一种应用。慕课（MOOC），指大规模开放的在线课程，中国大学 MOOC 也是非常好的平台。在 2013 年 10 月 10 日，清华大学推出来 MOOC 平台——学堂在线，许多大学现已使用学堂在线开设了一些课程的 MOOC。

项目4 制作儿童医保扣款方式更新的通知

4.1 学习目标

某学校总务处张老师向学生家长发布了有关在校生儿童医疗保险扣款方式更新的说明。该说明需要按照学生姓名分别制作发放,家长收到告知说明后要填写回执。按项目实施要求帮助张老师制作《致学生儿童家长的一封信》及邮件回执,任务主要目标如下:

为文档添加页眉页脚,在页眉中插入图片;通过样式,快速设置文档相应字体和段落;绘制流程图,清晰展现"缴费经办"过程;使用目录功能,添加附件内容;使用邮件合并,自动生成家长信和回执。

完成后的参考效果如图4-1所示。

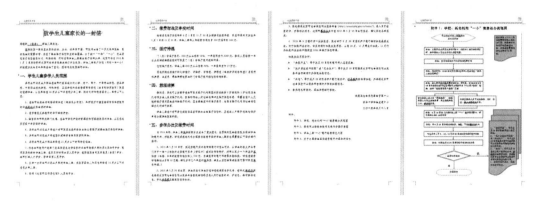

图4-1 制作儿童医保扣款方式更新的通知完成效果

本案例涉及知识点:页面设置;设置页眉页脚;绘制流程图;添加目录;邮件合并。

4.2 相关知识

1. 邮件合并

邮件合并是Office一种可以批量处理的功能。在Office中,先建立两个文档:一个Word包括所有文件共有内容的主文档(比如未填写的信封等)和一个包括变化信息的数据源Excel(填写的收件人、发件人、邮编等),然后使用邮件合并功能在主文档中插入变化的信息,合成后的文件用户可以保存为Word文档,可以打印出来,也可以以邮件形式发出去。

邮件合并的基本流程是:创建主文档→选择数据源→插入域→合并生成结果。

2. 绘制图形

在编辑Word文档时,可以用"绘制图形"添加一些图形,其中包括线条、矩形、基本形状、流程图等等。其中一些小技巧如下:

（1）在绘图时按住 Shift 键可以得到一些标准图形,比如画直线可以画出水平、竖直及与水平成每隔 15°的直线,画圆时可以画标准圆形,画正方形可以画标准正方形。

（2）拖住对象时按住 Shift 键,对象只能按水平方向移动,选择图像对象时按住 Shift 键,可同时选择多个对象。

（3）拖动对象时,按住 Ctrl 键,可以复制出一个相同的对象,相当于复制和粘贴。

3. 添加目录

Word 2016 自动生成目录分为四个步骤,即设置章节样式,添加分节符,插入页码并把正文的页码改为从 1 开始,最后一步才是生成目录。

4.3　项目实施

【微信扫码】
项目微课

本案例实施的基本流程如下:

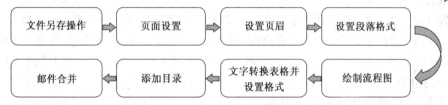

任务 1:文件另存操作

在项目文件夹下,将"Word 素材. docx"文件另存为"Word. docx"(". docx"为扩展名),后续操作均基于此文件。

完成任务:

步骤:打开项目文件夹下的"Word 素材. docx"文件,单击【文件】选项卡,选择"另存为",单击"浏览",定位在项目文件夹下,修改文件名为"Word. docx",单击"保存"按钮。

任务 2:页面设置

进行页面设置:纸张方向横向、纸张大小 A3(宽 42 厘米×高 29.7 厘米),上、下边距均为 2.5 厘米、左、右边距均为 2.0 厘米,页眉、页脚分别距边界 1.2 厘米。要求每张 A3 纸上从左到右按顺序打印两页内容,左右两页均于页面底部中间位置显示格式为"—1—、—2—"类型的页码,页码自 1 开始。

完成任务:

步骤 1:在【布局】选项卡下,单击【页面设置】组中的扩展按钮,在弹出的"页面设置"对话框中,单击"横向"按钮,设置上、下边距均为 2.5 厘米,左、右边距均为 2.0 厘米。单击"多页"下拉按钮,选择"拼页"。

步骤 2:换到【纸张】选项卡下,单击"纸张大小"下拉按钮,选择"A3"。

步骤 3:切换到【版式】选项卡下,设置页眉、页脚分别距边界 1.2 厘米,单击"确定"按钮。

步骤4： 光标定位到第1页，在【插入】选项卡下的【页眉和页脚】组中，单击"页码"下拉按钮，选择"页面底端"中的"普通数字2"。在【页眉和页脚工具】|【设计】选项卡下，单击【页眉和页脚】组中的"页码"下拉按钮，选择"设置页码格式"。在弹出的"页码格式"对话框中，单击"编号格式"下拉按钮，选择"－1－，－2－，－3－，…"。设置"起始页码"为1，单击"确定"按钮，单击"关闭页眉和页脚"按钮。

任务3：设置页眉

插入"空白（三栏）"型页眉，在左侧的内容控件中输入学校名称"北京明华中学"，删除中间的内容控件，在右侧插入项目文件夹下的图片"Logo.jpg"代替原来的内容控件，适当缩小图片，使其与学校名称高度匹配。将页眉下方的分隔线设为标准红色、2.25磅、上宽下细的双线型。

完成任务：

步骤1： 在【插入】选项卡下的【页眉和页脚】组中单击"页眉"下拉按钮，选择"空白（三栏）"。选中左侧的"在此处键入"内容控件，输入学校名称"北京明华中学"。选中中间的内容控件，按Backspace键删除。选中右侧的内容控件，在【页眉和页脚工具】|【设计】选项卡下的【插入】组中单击"图片"按钮，选择项目文件夹下的"Logo.jpg"，单击插入按钮。适当调整该图片大小，使其符合要求。

步骤2： 光标定位在页眉处，在【开始】选项卡下的【段落】组中，单击"下框线"下拉按钮，选择"边框和底纹"。在弹出的"边框和底纹"对话框中，单击"自定义"按钮，在样式中选择上宽下细的双线型。单击"颜色"下拉按钮，选择"红色（标准色）"，单击"宽度"下拉按钮，选择"2.25磅"。单击右侧"应用于"下拉按钮，选择"段落"，单击上方"下框线"按钮，单击"确定"按钮。在【页眉和页脚工具】选项卡下，单击"关闭页眉和页脚"按钮。

任务4：设置段落格式

将文中所有的空白段落删除，然后按下列要求为指定段落应用相应格式：

段落	样式或格式
文章标题"致学生家长的一封信"	标题
"一、二、三、四、五"所示标题段落	标题1
"附件1、附件2、附件3、附件4"所示标题段落	标题2
除上述标题行及蓝色的信件抬头段外，其他正文格式	仿宋、小四号、首行缩进2字符，段前间距0.5行，行间距1.25倍
信件的落款（三行）	居右显示

完成任务：

步骤1： 将光标定位在文档开头，在【开始】选项卡下的【编辑】组中单击"替换"按钮。在弹出的"查找和替换"对话框中，将光标定位到"查找内容"，单击"更多"按钮，单击"特殊格式"下拉按钮，选择"段落标记"，再次单击"特殊格式"下拉按钮，选择"段落标记"。将光标定位到"替换为"文本框,单击"特殊格式"下拉按钮,选择"段落标记"。单击"全部替换"按钮,单击"确定"按钮,单击"关闭"按钮。

步骤 2:选中"致学生儿童家长的一封信",在【开始】选项卡下的【样式】组中,单击样式库中的"标题"。

步骤 3:按照同样的方式,设置"一、二、三、四、五"所示标题段落和"附件 1、附件 2、附件 3、附件 4"所示标题段落。

步骤 4:在【开始】选项卡下的【样式】组中,右键单击样式库中的"正文",选择"修改"。在弹出的"修改样式"对话框中,单击"字体"下拉按钮,选择"仿宋";单击"字号"下拉按钮,选择"小四"。单击"格式"下拉按钮,选择"段落"。单击"特殊格式"下拉按钮,选择"首行缩进",缩进值默认为 2 字符。调整段前间距为 0.5 行,单击"行距"下拉按钮,选择"多倍行距",在"设置值"文本框中输入"1.25"。单击"确定"按钮,再次单击"确定"按钮。

步骤 5:选中信的三行落款,在【开始】选项卡下的【段落】组中单击"右对齐"按钮。

任务 5:绘制流程图

利用"附件 1:学校、托幼机构'一小'缴费经办流程图"下面用灰色底纹标出的文字、参考样例图绘制相关的流程图,要求:除右侧的两个图形之外其他各个图形之间使用连接线,连接线将会随图形的移动而自动伸缩,中间的图形应沿垂直方向左右居中。

完成任务:

步骤 1:在附件 1 标题下方增加一个空行,将光标定位在空行中,在【插入】选项卡下的【插图】组中,单击"形状"下拉按钮,选择"新建绘图画布"。

步骤 2:单击【绘图工具】|【格式】选项卡【插入形状】组中的"形状"下拉按钮,选择"流程图:准备",在画布上画出形状。单击【形状样式】组中的"形状填充"下拉按钮,选择"无填充颜色"。单击"形状轮廓"下拉按钮,选择"浅绿(标准色)","粗细"设置为"1磅"。右键单击已经画好的形状,选择"添加文字",单击【开始】选项卡,在【样式】组中单击"3"样式,按照示例的流程图,将下方灰色底纹标出的文字复制粘贴到形状中,粘贴时选择"只保留文本"。

步骤 3:在【绘图工具】|【格式】选项卡下,单击【插入形状】组中的"形状"下拉按钮,选择"流程图:过程",在画布上画出形状。按照同样的方法设置形状填充为"无填充颜色","形状轮廓"为"蓝色(标准色)","粗细"为"1磅"。按照步骤 2 的方法输入相应文字。

步骤 4:在【绘图工具】|【格式】选项卡下,单击【插入形状】组中的"形状"下拉按钮,选择"线条"中的"直线箭头",将两个形状对应的灰色顶点连接起来。如果同时和两个形状相连,则选择"线条"中的"连接符:肘形箭头"。

步骤 5:按照同样的方法绘制所有的"流程图:过程"形状和箭头(快捷方法:选中一个形状,按住 Ctrl 键的同时向下拖动,可以复制出一个相同的形状)。

步骤 6:在【绘图工具】|【格式】选项卡下,单击【插入形状】组中的"形状"下拉按钮,选择"流程图:决策",画出形状,设置形状填充为"无填充颜色","形状轮廓"为"红色(标准色)","粗细"为"1磅",并输入相应文字。

步骤 7:在【绘图工具】|【格式】选项卡下,单击【插入形状】组中的"形状"下拉按钮,选择"流程图:终止",画出形状,设置形状填充为"无填充颜色","形状轮廓"为"浅绿(标准色)",

"粗细"为"1磅",并输入相应文字。

步骤8：在【绘图工具】|【格式】选项卡下，单击【插入形状】组中的"文本框"下拉按钮，选择"绘制文本框"，输入文字"是"，"形状轮廓"为"无轮廓"，"文字样式"为样式库中的"3"。按照此步骤绘制另一个文本框，输入"否""形状轮廓"为"无轮廓"，并将其移动到合适的位置。

步骤9：在【绘图工具】|【格式】选项卡下，单击【插入形状】组中的"形状"下拉按钮，选择"流程图：文档"，画出形状，设置形状填充为"紫色，个性色4，淡色60％"，"形状轮廓"为"紫色(标准色)"，"粗细"为"1磅"，并输入相应文字。用"箭头"将第1个"流程图：过程"形状连接到该"流程图：文档"形状。选中箭头，在【绘图工具】|【格式】选项卡下，【形状样式】组中单击"其他"下拉按钮，选择"细线—强调颜色4"。如图4-2所示。

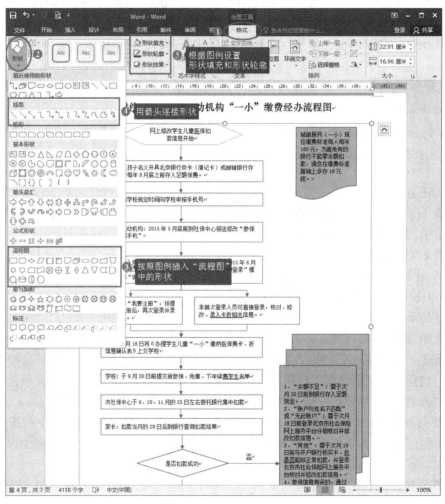

图4-2 绘制流程图

步骤10：用同样的方法完成剩下的流程图，根据示例图片，设置部分形状中的文字居中对齐，方法为：选中该形状，单击【开始】选项卡下【段落】组中的"居中"按钮。

步骤11：删除素材文字和示例图，调整画布大小，使得流程图及附件1标题行合计占用一页。

任务 6：文字转换表格并设置格式

　　将"附件 3：学生儿童'一小'银行缴费常见问题"下的绿色文本转换为表格，并参照素材中的样例图片进行版式设置，调整其字体、字号、颜色、对齐方式和缩进方式，使其有别于正文。合并表格同类项，套用一个合适的表格样式，然后将表格整体居中。

完成任务：

　　步骤 1：选中绿色文字，在【插入】选项卡下的【表格】组中，单击"表格"下拉按钮，选择"文本转换成表格"，单击"确定"按钮。单击【表格工具】|【布局】选项卡，在【单元格大小】组中单击"自动调整"下拉按钮，选择"根据内容自动调整表格"。

　　步骤 2：选中整个表格，在【开始】选项卡下的【字体】组中，单击"字体"下拉按钮，选择"宋体"。单击"字号"下拉按钮，选择"小五"。单击"字体颜色"下拉按钮，选择"蓝色（标准色）"。

　　步骤 3：选中表格第一行，在【段落】组中单击"居中"按钮。选中 B2、C2 单元格，单击【表格工具】|【布局】选项卡，在【合并】组中单击"合并单元格"按钮，并且删除多余段落。在【对齐方式】组中，单击"水平居中"按钮。

　　步骤 4：按照示例文件，以同样的方式合并其他单元格，并设置对齐方式为"水平居中"。

　　步骤 5：选中整个表格，单击【表格工具】|【设计】选项卡，在【表格样式】组中单击样式库下拉按钮，选择"网格表 6 彩色—着色 4"。应用完成样式后，在【开始】选项卡下单击【段落】组中的"居中"按钮。

　　步骤 6：删除文字"参见后面的示例图生成表格"及表格下方示例图片。

任务 7：添加目录

　　令每个附件标题所在的段落前自动分页，调整流程图使其与附件 1 标题行合计占用一页。然后在信件正文之后（黄色底纹标示处）插入有关附件的目录，不显示页码，且目录内容能够随文章变化而更新。最后删除素材中用于提示的多余文字。

完成任务：

　　步骤 1：光标定位在"附件 1"左侧，单击【布局】选项卡，在【页面设置】组中单击"分隔符"下拉按钮，选择"分页符"。以同样的方法设置其他的附件标题，删去空白页面。

　　步骤 2：选中"在这里插入有关附件的目录"，在"引用"选项卡下，单击【目录】组中的"目录"下拉按钮，选择"自定义目录"。在弹出的"目录"对话框中，取消选中"显示页码"复选框。单击"选项"按钮。只保留标题 2 的目录级别，其余删除，单击"确定"按钮，再次单击"确定"按钮。

任务 8：邮件合并（一）

　　在信件抬头的"尊敬的"和"学生儿童家长"之间插入学生姓名；在"附件 4：关于办理学生医保缴费银行卡通知的回执"下方的"学校："'年级和班级：（显示为'初三一班'格式）'"学号："'学生姓名："后分别插入相关信息，学校、年级、班级、学号、学生姓名等信息存放在项目文件夹下的 Excel 文档"学生档案.xlsx"中。在下方将制作好的回执复制一份,将其中"(此联家长留存)"改为"(此联学校留存)",在两份回执之间绘制一条剪裁线,并保证两份回执在一页上。

完成任务:

步骤 1: 在【邮件】选项卡下,单击【开始邮件合并】组中的"选择收件人"下拉按钮,选择"使用现有列表"。在弹出的对话框中,选择项目文件夹下的"学生档案.xlsx",单击"打开"按钮。在弹出的"选择表格"对话框中单击"确定"按钮,如图 4-3 所示。

图 4-3 选择收件人

步骤 2: 将光标定位在信件抬头的"尊敬的"和"学生儿童家长"之间,单击【编写和插入域】组中的"插入合并域"下拉按钮,选择"姓名"。将光标定位到回执单的"学校:"右侧,单击"插入合并域"下拉按钮,选择"学校"。将光标定位到"年级和班级:"右侧,单击"插入合并域"下拉按钮,选择"年级",再次单击"插入合并域"下拉按钮,选择"班级"。以同样的方式插入其他合并域,如图 4-4 所示。

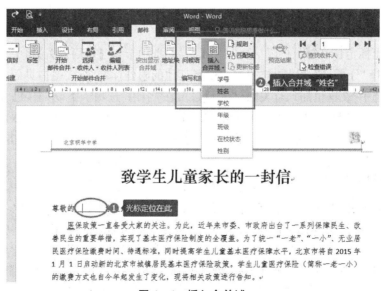

图 4-4 插入合并域

步骤 3：选中"（此联家长留存）"，设置字体为"华文中宋，小二，居中"。选中回执单，按Ctrl＋C快捷键复制，选中下方蓝底文字，按Ctrl＋V快捷键粘贴。

步骤 4：将下方的回执单中的"（此联家长留存）"改为"（此联学校留存）"。选中标题"关于办理……回执"，应用【开始】选项卡下【样式】组中的"正文"样式，并将字体设置为"华文中宋""三号""居中"。

步骤 5：在【插入】选项卡下的【插图】组中，单击"形状"下拉按钮，选择"线条"中的"直线"。按住 Shift 键，在合适的位置绘制一条直线。选中该直线，在【绘图工具】|【格式】选项卡下单击【形状样式】组中的"形状轮廓"下拉按钮，选择"虚线"中的"短划线"。

任务 9：邮件合并（二）

仅为其中所有学校初三年级的每位在校状态为"在读"的女生生成家长通知，通知包含家长信的主体、所有附件、回执。要求每封信中只能包含 1 位学生信息。将所有通知页面另外以文件名"正式通知.docx"保存在项目文件夹下（如果有必要，应删除文档中的空白页面）。

完成任务：

步骤 1：在【邮件】选项卡下，单击【开始邮件合并】组中的"编辑收件人列表"按钮，在弹出的"邮件合并收件人"对话框中，单击"年级"下拉按钮，选择"初三"，单击"在校状态"下拉按钮，选择"在读"，单击"性别"下拉按钮，选择"女"，单击"确定"按钮，如图 4-5 所示。

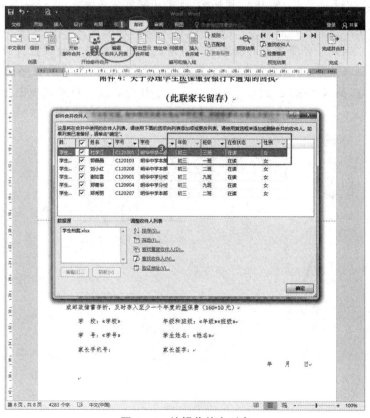

图 4-5　编辑收件人列表

步骤2:在【邮件】选项卡下,单击【完成】组中的"完成并合并"下拉按钮,选择"编辑单个文档",在弹出的对话框中选中"全部"单选按钮,单击"确定"按钮。

步骤3:在生成的新文档中,单击"保存"按钮,在弹出的对话框中,定位到项目文件夹下,输入文件名"正式通知.docx",单击"保存"按钮,并关闭文件。

步骤4:单击"Word.docx"的"保存"按钮,并关闭文件。

科技兴国

人工智能

人工智能是计算机学科的一个分支,二十世纪七十年代以来被称为世界三大尖端技术(空间技术、能源技术、人工智能)之一。也被认为是二十一世纪三大尖端技术(基因工程、纳米科学、人工智能)之一。这是因为近三十年来它获得了迅速的发展,在很多学科领域都获得了广泛应用,并取得了丰硕的成果,人工智能已逐步成为一个独立的分支,无论在理论和实践上都已自成一个系统。

人工智能(artificial intelligence,AI)。它是研究、开发用于模拟、延伸和扩展人的智能的理论、方法、技术及应用系统的一门新的技术科学。它分为强人工智能和弱人工智能。

(1)强人工智能(bottom-up AI)观点认为有可能制造出真正能推理和解决问题的智能机器,并且,这样的机器能将被认为是有知觉的,有自我意识的。

(2)弱人工智能(top-down AI)观点认为不可能制造出能真正地推理和解决问题的智能机器,这些机器只不过看起来像是智能的,但是并不真正拥有智能,也不会有自主意识。

主流科研集中在弱人工智能上,并且一般认为这一研究领域已经取得可观的成就。强人工智能的研究则处于停滞不前的状态下。目前弱人工智能应用领域有:机器翻译,智能控制,专家系统,机器人学,语言和图像理解,遗传编程机器人工厂,自动程序设计,航天应用,庞大的信息处理,储存与管理,执行化合生命体无法执行的或复杂或规模庞大的任务等。

项目 5　编排公积金档案

5.1　学习目标

　　根据《北京住房公积金缴存管理办法》,市公积金管理中心张科长要制作一份确认相关单位地址及联系方式的邮件通知,请按照项目实施要求编辑制作"管理办法""业务网点"和"邮件通知",任务主要目标如下:

　　按要求对公积金档案页面进行设置,导入模板样式;使用插入公式命令,编辑复杂公式;通过邮件合并,在通知中插入地图。

　　完成后的参考效果如图 5-1 所示。

图 5-1　公积金档案完成效果

　　本案例涉及知识点:页面设置;样式设置;设置编号;编辑公式;文本转换表格;邮件合并。

5.2　相关知识

　　在日常工作中一些特殊职业者经常需要用到一些数学、化学等复杂的公式,最常见的就是教师,他们在制作试卷的时候少不了用到一些公式。编辑公式中的小技巧,如下:

　　(1)在 Word 公式编辑器编辑公式时无法直接通过按空格键来添加空格,此时可同时按下 Ctrl+Shift+空格键即可加入空格。

　　(2)公式编辑器中最常用的几个快捷键:Ctrl+H——上标;Ctrl+L——下标;Ctrl+J——上下标;Ctrl+R——根号;Ctrl+F——分号。

　　(3)有时上下标为汉字,则显得很小,看不清楚,可以对设置进行如下改变,操作为"尺寸/定义",在出现的对话框中将上下标设为 8 磅。

（4）在公式编辑中，一些特殊符号无法直接输入（如①、★、≌、∽、⊙等），可先在 Word 正文中插入某个特殊符号，再通过"复制、粘贴"的方法将它移植到公式。

5.3　项目实施

【微信扫码】
项目微课

本案例实施的基本流程如下：

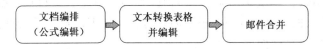

文档编排（公式编辑）→ 文本转换表格并编辑 → 邮件合并

任务 1：文档编排

打开项目文件夹下的文档"Word 素材_2. docx"，将其另存为"Word2. docx"（".docx"为文件扩展名），以下的操作均基于此文件。

① 按下列要求改变"Word2. docx"的页面布局：纸张大小 A4，对称页边距，上边距 2.5 厘米、下边距 2 厘米，内侧边距 2.5 厘米、外侧边距 2 厘米，装订线 1 厘米，页眉页脚距边界均为 1.0 厘米。

② 分别用"样式. docx"文档中的样式"标题 1""标题 2""正文 1""正文 2""正文 3"替换"Word2. docx"中的同名样式。

③ 为与原文对应一致，适当调整每个章节的起始编号，使得每个标题 1 样式下的章、条均应自编号一开始。将原文中重复的手动纯文本编号第一章、第二章……第十二章；第一条、第二条……第四十九条及其右侧的两个空格删除。

④ 在文档的"第七章贷款偿还与回收"下红色标注文字"【在此插入公式】"处插入如下所示公式：

$$R = P_0 \cdot I \cdot \frac{(1+I)^{n \cdot 12 - 1}}{(1+I)^{n \cdot 12 - 1} - 1} + (P - P_0) \cdot I$$

⑤ 在文档的开始处生成包括第一、二级标题的目录，要求第一行输入"目录"二字，目录内容自第二行开始且显示在一页中。目录页不显示页眉、且不占用页码。

⑥ 设置除目录页以外的正文页眉：在页眉左侧位置插入当前页所属标题 1 的标题内容、右侧插入连续页码，页号自 1 开始。

⑦ 更新目录，并将其转换为不含链接的普通文本，最后关闭该文档。

完成任务：

步骤 1：打开项目文件夹下的"Word 素材_2. docx"文件，单击【文件】选项卡，选择"另存为"，单击"浏览"，定位到项目文件夹下，修改文件名为"Word2. docx"，单击"保存"按钮。

步骤 2：在【布局】选项卡的【页面设置】组中，单击右下角的扩展按钮。切换到纸张选项卡，设置纸张大小为 A4。切换到【页边距】选项卡，设置"页码范围"为"对称页边距"，设置上边距 2.5 厘米、下边距 2 厘米，内侧边距 2.5 厘米、外侧边距 2 厘米，装订线 1 厘米。切换到版式选项卡，设置页眉页脚距边界均为 1.0 厘米，单击"确定"按钮。

步骤 3：在【开始】选项卡的【样式】组中，单击右下角扩展按钮，单击"管理样式"按钮，单击"导入/导出"按钮，单击右侧的"关闭文件"按钮，再单击"打开文件"按钮，在弹出的对话框中，定位到项目文件夹下，单击"所有 Word 模板"下拉按钮，选择"所有文件"，选中"样式.docx"，单击"打开"按钮。在"管理器"对话框中，选中"样式.docx"中的"标题 1"样式，单击"复制"按钮，单击"是"，按照同样的方法，将其他样式复制到"Word2.docx"中。单击"关闭"按钮，关闭"样式"对话框。

步骤 4：将光标定位在标题"北京住房公积金提取管理办法"下的第一个自动编号"第七章"中，此时自动编号变为灰色底纹，单击右键，选择"重新开始于一"。选中编号"第五十条"，此时自动编号变为灰色底纹，单击右键，选择"重新开始于一"。按照同样的方法设置其他标题 1 样式下的编号，使得每个标题 1 样式下的章、条均应自编号一开始。

步骤 5：将光标定位在文档开头，在【开始】选项卡的【编辑】组中，单击"替换"按钮，单击"更多"按钮，勾选"使用通配符"。在"查找内容"文本框中输入"第? 条"（问号为英文状态，条后面有两个西文空格），"替换为"文本框中不输入，单击"全部替换"按钮，单击"确定"按钮。将"查找内容"修改为"第?? 条"，单击"全部替换"按钮，单击"确定"按钮。将"查找内容"修改为"第??? 条"，单击"全部替换"按钮，单击"确定"按钮，单击"关闭"按钮。按照同样的方法删除重复的手动章节号。

步骤 6：删除"北京住房公积金贷款办法"第七章下红色文字段落，并按回车键形成一个新的空行，光标定位在空行中，单击【开始】选项卡下【段落】组中的"居中"按钮。在【插入】选项卡的【符号】组中，单击"公式"下拉按钮，选择"插入新公式"，如图 5-2 所示。单击"在此处键入公式"，切换到【公式工具】|【设计】选项卡下，输入"R＝"，在【结构】组中单击"上下标"下拉按钮，选择"下标"，如图 5-3 所示，分别输入 P 和 0，输入 0 之后，按一下向右方向键，恢复正常输入格式，单击【符号】组中的下拉按钮，选择"加重号运算符"，如图 5-4 所示，输入 I，再输入"加重号运算符"，单击"分式"下拉按钮，选择"分数（竖式）"，如图 5-5 所示，单击分子，单击"上下标"下拉按钮，选择"上标"，左侧输入（1＋I），上标输入 n 和"加重号运算符"，再输入 12－1。按照同样的方法输入分母以及公式其余部分，注意向右方向键的使用。

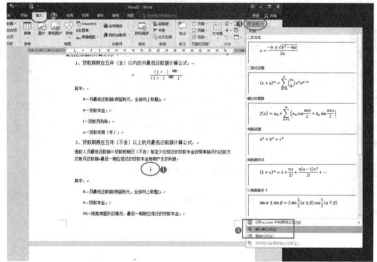

图 5-2　插入新公式

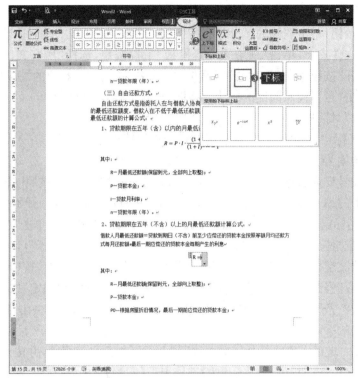

图 5-3　输入下标

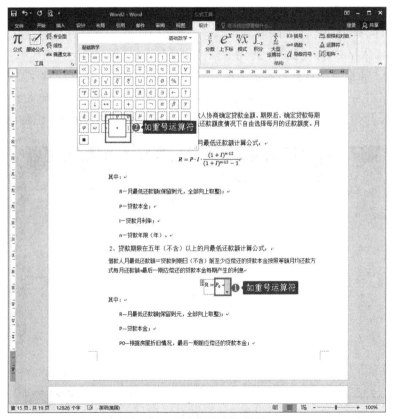

图 5-4　输入加重号运算符

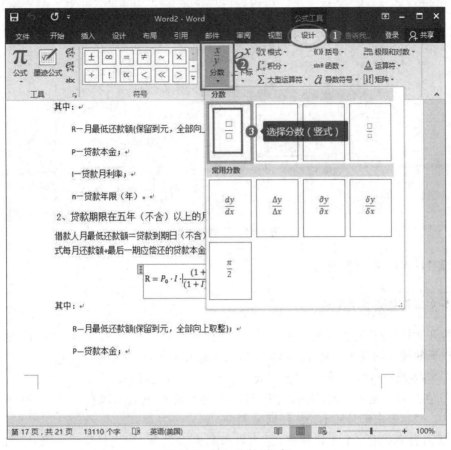

图 5-5　输入分数（竖式）

步骤 7：将光标定位在文档开头，在【布局】选项卡的【页面设置】组中，单击"分隔符"下拉按钮，选择"下一页"。将光标定位在第一页，在【开始】选项卡的【字体】组中，单击"清除所有格式"按钮，输入"目录"。在【引用】选项卡的【目录】组中，单击"目录"下拉按钮，选择"自定义目录""显示级别"设置为 2，取消勾选"页码右对齐"，单击"确定"按钮。

步骤 8：选中整个目录，在【开始】选项卡的【段落】组中，单击右下角扩展按钮，设置段后间距为 0 磅，单击"确定"按钮，使所有目录都显示在一页中。

步骤 9：双击正文第一页的页眉区域，进入页眉编辑状态。在【页眉和页脚工具】|【设计】选项卡下，单击取消【导航】组中的"链接到前一条页眉"按钮，在【页眉和页脚】组中，单击"页眉"下拉按钮，选择"空白（三栏）"。点击左侧控件，在【插入】组中，单击【文档部件】下拉按钮，选择"域"，如图 5-6 所示，类别选择"链接和引用"，域名选择"StyleRef"，样式名选择"标题 1"，单击确定。单击右侧控件，在【页眉和页脚】组中，单击"页码"下拉按钮，选择"当前位置"中的"普通数字"。再次单击"页码"下拉按钮，选择"设置页码格式"，设置起始页码为 1，单击"确定"按钮。选中页眉中间控件，右键单击，选择"删除内容控件"，单击"关闭页眉和页脚"按钮。

步骤 10：在【引用】选项卡的【目录】组中，单击"更新目录"按钮，选中"只更新页码"，单击"确定"按钮。选中整个目录，按 Ctrl＋Shift＋F9 快捷键，取消超链接。

图5-6　页眉插入域

步骤11:保存并关闭文档。

任务2:文本转换表格并编辑

打开文档"业务网点素材.docx",参考"表格示例.jpg"文档、按下列要求对其进行编辑。以下的操作均基于此文件。编辑完成后保存并关闭该文档。

① 将素材中以";"分隔的文本生成一个5列22行的表格。

② 在最左侧插入一列,列标题为"序号",在该列中输入可以自动更新的序号01、02、03……21,要求编号后不添加任何分隔符。

③ 为表格套用一个表格格式,适当调整行高和列宽,令表格位于一页中,且整体居中。

④ 每个单位的地图存放在与"业务网点素材.docx"文档相同的项目文件夹下,地图图片的文件名为"序号.jpg",例如,"方庄管理部"的地图图片文件名为"04.jpg"。

完成任务:

步骤1:双击打开文档"业务网点素材.docx",在【开始】选项卡的【编辑】组中,单击"替换"按钮,在"查找内容"中,输入中文分号";",在"替换为"中,输入英文分号";",单击"全部替换"按钮,单击"确定"按钮,单击"关闭"按钮。

步骤2:选中文本内容,在【插入】选项卡的【表格】组中,单击"表格"下拉按钮,选择"文本转换成表格",在"文字分隔位置"中选择"其他字符",在文本框中输入";",单击"确定"按钮。

步骤3:将光标定位在表格第一列中,在【表格工具】|【布局】选项卡下,单击【行和列】组中的"在左侧插入"按钮,在新增列输入标题"序号",选中第一列的其他单元格,在【开始】选项卡的【段落】组中,单击"编号"下拉按钮,选择"定义新编号格式",编号样式选择"01,02,03…",在"编号格式"中,删除数字右侧的小数点,单击"确定"按钮。将光标定位在编号01中,右键单击编号,选择"调整列表缩进",在弹出的对话框中,单击"编号之后"下拉按钮,选择"不特别标注",单击"确定"按钮。

步骤 4:将光标定位在表格中,在【表格工具】|【设计】选项卡下,单击【表格样式】组中样式库的下拉按钮,选择任意一个表格格式。适当调整行高和列宽,令表格位于一页中。选中整个表格,在【表格工具】|【布局】选项卡的【表】组中,单击"属性"按钮,在对齐方式中选择"居中",单击"确定"按钮。

步骤 5:在"地图"列分别输入"01. jpg""02. jpg"……"21. jpg"。

步骤 6:保存并关闭文件。

任务 3:邮件合并

打开文档"Word1. docx",按照下列要求生成单个通知文件并发送给各个单位。以下的操作均基于此文件。

① 在通知正文下方的"附件:"后以图标方式嵌入排版后的文档"Word2. docx",图标的说明文字为"管理办法"。

② 根据文档"业务网点素材. docx"中提供的信息,在文档中的蓝色文字标注的位置插入业务网点信息,并生成 21 份独立的通知文档,每份文档占用一页,以"通知. docx"为文件名保存于项目文件夹下。

③ 保存源文档"Word1. docx"。

完成任务:

步骤 1:双击打开文档"Word1. docx",光标定位在通知正文下方的"附件:"后,在【插入】选项卡的【文本】组中,单击"对象"下拉按钮,选择"对象",切换到【由文件创建】选项卡,单击"浏览"按钮,在弹出的对话框中,打开项目文件夹,选择"Word2. docx",单击"插入"按钮。勾选"显示为图标"复选框,单击"更改图标"按钮,在"题注"文本框中输入"管理办法",单击两次"确定"按钮。

步骤 2:删除上方蓝色文字,在【邮件】选项卡的【开始邮件合并】组中,单击"选择收件人"下拉按钮,选择"使用现有列表",在弹出的对话框中打开项目文件夹,选择"业务网点素材. docx",单击"打开"按钮。在【编写和插入域】组中,单击"插入合并域"下拉按钮,选择"单位名称",按照同样的方法,删除表格中前三行蓝色文字,并插入对应的合并域。

步骤 3:将光标定位在表格第 4 行第 2 列单元格中,删除蓝色文字"插入地图",在【插入】选项卡的【文本】组中,单击"文档部件"下拉按钮,选择"域",类别选择"链接和引用",域名选择"Includepicture",在右侧文本框中输入随意文字,如"11",单击"确定"按钮。选中图片占位符,按 Shift+F9 键切换到代码,将刚才输入的 11 选中删除,在【邮件】选项卡的【编写和插入域】组中,单击"插入合并域"下拉按钮,选择"地图"。此时图片处于未显示状态,直接调整图片大小,使整个文档只占一页。

步骤 4:在【完成】组中,单击"完成并合并"下拉按钮,选择"编辑单个文档",单击"确定"按钮,在生成的新文档中,单击"保存"按钮,将文件保存到项目文件夹下,并命名为"通知. docx",关闭文件(文件保存关闭后再次打开,即会显示对应图片)。

步骤 5:保存并关闭"Word1. docx"。

科技兴国

物联网

物联网(the internet of things，IOT)是指通过各种信息传感器、射频识别技术、全球定位系统、红外感应器、激光扫描器等各种装置与技术，实时采集任何需要监控、连接、互动的物体或过程，采集其声、光、热、电、力学、化学、生物、位置等各种需要的信息，通过各类可能的网络接入，实现物与物、物与人的泛在连接，实现对物品和过程的智能化感知、识别和管理。物联网是一个基于互联网、传统电信网等的信息承载体，它让所有能够被独立寻址的普通物理对象形成互联互通的网络。

物联网的应用领域涉及方方面面，在工业、农业、环境、交通、物流、安保等基础设施领域的应用，有效地推动了这些方面的智能化发展，使得有限的资源更加合理的使用分配，从而提高了行业效率、效益。在家居、医疗健康、教育、金融与服务业、旅游业等与生活息息相关的领域的应用，从服务范围、服务方式到服务的质量等方面都有了极大的改进，大大地提高了人们的生活质量；在涉及国防军事领域方面，虽然还处在研究探索阶段，但物联网应用带来的影响也不可小觑，大到卫星、导弹、飞机、潜艇等装备系统，小到单兵作战装备，物联网技术的嵌入有效提升了军事智能化、信息化、精准化，极大提升了军事战斗力，是未来军事变革的关键。目前主要应用在：智能交通、智能家居和公共安全。

项目6　排版课程论文

6.1　学习目标

　　课程论文包括：封面、内容摘要与关键词、目录、正文、注释、附录和参考文献。课程论文的排版是一件比较专业和相对复杂的工作，请根据项目实施要求，帮助南城大学 2020 级林同学修改编排课程论文，任务主要目标如下：

　　创建论文封面，插入图片进行修饰；使用分隔符，将论文各部分内容独立分节；设置脚注和尾注转换，添加目录；为论文中的图片设置题注，并交叉引用；为论文中"ABC 分类法"标记为索引项，全文设置页码。

　　完成后的参考效果如图 6-1 所示。

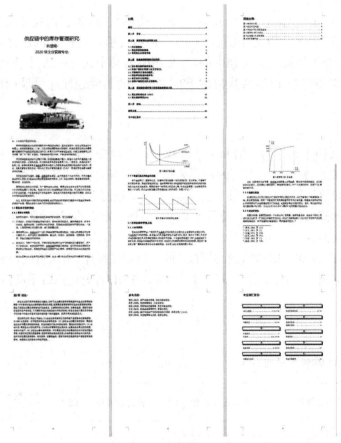

图6-1　排版"供应链中的库存管理研究"的课程论文完成效果

　　本案例涉及知识点：文本框设置；设置分隔符；样式设置与管理；绘制流程图；文字转换表格；添加目录；邮件合并。

6.2 相关知识

1. 脚注和尾注

脚注和尾注都是对文本的补充说明,脚注是对文档中某些文字的说明,一般位于文档某页的底部;尾注用于添加注释,例如备注和引文,一般位于文档的末尾,以对文档提供更多的信息。脚注或尾注上的数字或符号与文档中的引用标记匹配。"尾注"的插入位置可以是文档结尾或节的结尾,选择节的结尾时,文档必须插入了分节符。

2. 目录制作

目录通常是长文档不可缺少的一项内容,它列出了文档中的各级标题及所在的页码,便于阅读者快速检索、查阅到相关内容。自动生成目录时,最重要的准备工作是为文档的各级标题应用样式,最好是内置标题样式。插入目录后文档内容有所改变,需要手动更新目录才可以。

3. 引用题注

引用题注在 Word 中针对图片、表格、公式一类的对象,为它们建立的带有编号的说明段落,即称为"题注"。在编辑文档的过程中,经常需要引用已插入的题注,即"题注交叉引用"。交叉引用是作为域插入到文档中的,当文档中的某个题注发生变化后,只需进行一下打印预览或者选中整个文档,按快捷键 F9,文档中的其他题注序号及引用内容就会随之自动更新。

4. 标记索引

索引列出了文档中讨论的术语和主题以及它们出现的页码。若要创建索引,可以通过在文档中提供主索引项和交叉引用的名称来标记索引项,然后生成索引。设计科学编辑合理的索引不但可以使阅读者倍感方便,而且也是图书质量的重要标志之一。要编制索引,应该首先标记文档中的概念名词、短语和符号之类的索引项。索引的提出可以是文档中的一处,也可以是文档中相同内容的全部。如果标记了文档中同一内容的所有索引项,可选择一种索引格式并编制完成,此后 Word 将收集索引项,按照字母顺序排序,引用页码,并会自动查找并删除同一页中的相同项,然后在文档中显示索引。插入索引有两种方式:手动标记和自动标记。

6.3 项目实施

本案例实施的基本流程如下:

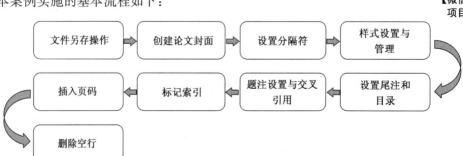

任务 1：文件另存操作

在项目文件夹下，将文档"Word 素材.docx"另存为"Word.docx"（".docx"为扩展名），此后所有操作均基于该文档。

完成任务：

步骤：打开项目文件夹下的"Word 素材.docx"文件，单击【文件】选项卡，选择"另存为"，单击"浏览"，定位在项目文件夹下，修改文件名为"Word.docx"，单击"保存"按钮。

任务 2：创建论文封面

为论文创建封面，将论文题目、作者姓名和作者专业放置在文本框中，并居中对齐；文本框的环绕方式为四周型，在页面中的对齐方式为左右居中。在页面的下侧插入图片"图片 1.jpg"，环绕方式为四周型，并应用一种映像效果。整体效果可参考素材文件夹中示例文件"封面效果.docx"。

完成任务：

步骤 1：将光标定位文档开头，在【布局】选项卡下的【页面设置】组中，单击"分隔符"下拉按钮，选择"下一页"。

步骤 2：将光标定位在空白页开头，在【插入】选项卡下的【文本】组中，单击"文本框"下拉按钮，选择"绘制横排文本框"，在第一页绘制一个文本框。在文本框中输入文字"供应链中的库存管理研究"、回车、"林楚楠"、回车、"2020 级企业管理专业"。

步骤 3：选中文本框内的所有文字，在【开始】选项卡下的【段落】组中，单击"居中"按钮。在【字体】组中，设置第一行"字体"为"微软雅黑""字号"为"一号"。第二行和第三行"字体"为"微软雅黑"字号为"小二"。设置字体完成后，适当调整文本框的大小。

步骤 4：选中整个文本框，单击【绘图工具】|【格式】选项卡，在【排列】组中单击"环绕文字"下拉按钮，选择"四周型"。在【排列】组中单击"对齐"下拉按钮，选择"水平居中"。单击【形状样式】组中的"形状填充"下拉按钮，选择"无填充颜色"，单击"形状轮廓"下拉按钮，选择"无轮廓"。

步骤 5：单击文本框外的任意空白处，单击【插入】选项卡下【插图】组中的"图片"按钮，选择项目文件夹下的"图片 1.jpg"，单击"插入"按钮。点击【图片工具】|【格式】选项卡，在【排列】组中单击"环绕文字"下拉按钮，选择"四周型"。在【图片样式】组中单击"其他"下拉按钮，选择"映像圆角矩形"。按照示例文件，适当调整图片位置。

任务 3：设置分隔符

对文档内容进行分节，使得"封面""目录""图表目录""摘要""1.引言""2.库存管理的原理和方法""3.传统库存管理存在的问题""4.供应链管理环境下的常用库存管理方法""5.结论""参考书目"和"专业词汇索引"各部分的内容都位于独立的节中，且每节都从新的一页开始。

完成任务：

步骤1：将光标定位在"图表目录"左侧，在【布局】选项卡下的【页面设置】组中，单击"分隔符"下拉按钮，选择"下一页"。

步骤2：按照同样的方法设置其他部分的内容。

任务4：样式设置与管理

修改文档中样式为"正文文字"的文本，使其首行缩进2字符，段前和段后的间距为0.5行；修改"标题1"样式，将其自动编号的样式修改为"第1章，第2章，第3章……"；修改标题2.1.2下方的编号列表，使用自动编号，样式为"1）、2）、3）……"；复制项目文件夹下"项目符号列表.docx"文档中的"项目符号列表"样式到论文中，并应用于标题2.2.1下方的项目符号列表。

完成任务：

步骤1：在【开始】选项卡下的【样式】组中，右键单击样式库中的"正文文字"，选择"修改"。在弹出的"修改样式"对话框中，单击"格式"下拉按钮，选择"段落"。单击"特殊格式"下拉按钮，选择"首行缩进"，缩进值默认为2字符。设置"段前"为0.5行，"段后"为0.5行。单击"确定"按钮，再次单击"确定"按钮。

步骤2：右键单击"标题1"样式。选择"修改"。在弹出的"修改样式"对话框中，单击"格式"下拉按钮，选择"编号"。单击"定义新编号格式……"按钮，在"定义新编号格式"对话框中，将"编号格式"文本框中的内容修改为"第1章"（"1"前输入"第""1"后删除"."，输入"章"），单击三次"确定"按钮，如图6-2所示。

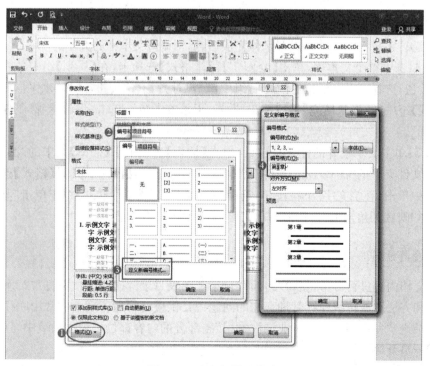

图6-2 定义新编号格式

　　步骤 3:选中标题 2.1.2 下方的编号列表,在【开始】选项卡下的【段落】组中单击"编号"下拉按钮,选择样式为"1)、2)、3)……"的编号。

　　步骤 4:在【开始】选项卡下单击【样式】组的扩展按钮,单击"管理样式"按钮,单击"导入/导出"按钮。在"管理器"对话框中单击右侧的"关闭文件"按钮,再单击"打开文件"按钮。在"打开"对话框中,定位到项目文件夹,在文件类型下拉列表中选择"所有文件"选项,然后选择文档"项目符号列表.docx",单击"打开"按钮。在右侧的样式列表中选择"项目符号列表",单击"复制"按钮。单击"关闭"按钮,并关闭"样式"对话框。

　　步骤 5:选中标题 2.2.1 下方的项目符号列表,在【开始】选项卡下单击【样式】组中的"项目符号列表"样式。

任务 5:设置尾注和目录

　　将文档中的所有脚注转换为尾注,并使其位于每节的末尾;在"目录"节中插入"流行"格式的目录,替换"请在此插入目录!"文字;目录中需包含各级标题和"摘要""参考书目"以及"专业词汇索引",其中"摘要""参考书目"和"专业词汇索引"在目录中需和标题 1 同级别。

完成任务:

　　步骤 1:单击【引用】选项卡下【脚注】组中的扩展按钮,选中"尾注",单击"尾注"右侧下拉按钮,选择"节的结尾",单击应用按钮,如图 6-3 所示。

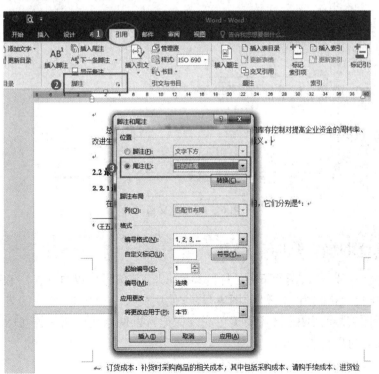

图 6-3　设置尾注位置

步骤2:再次单击【脚注】组中的扩展按钮,单击"转换"按钮,选择"脚注全部转换成尾注",单击"确定"按钮,单击"关闭"按钮。

步骤3:选中"摘要",单击【开始】选项卡下【段落】组中的扩展按钮,在弹出的"段落"对话框中单击"大纲级别"下拉按钮,选择"1级",单击"确定"按钮。按照同样的方法设置"参考书目"和"专业词汇索引"。

步骤4:删除文档第2页"请在此插入目录!"黄底文字,在【引用】选项卡下单击【目录】组中的"目录"下拉按钮,选择"自定义目录"。在弹出的"目录"对话框中,单击"格式"下拉按钮,选择"流行",单击"确定"按钮,如图6-4所示。

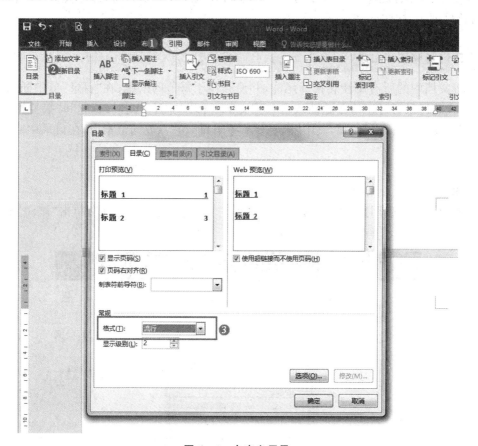

图6-4　自定义目录

任务6:题注设置与交叉引用

使用题注功能,修改图片下方的标题编号,以便其编号可以自动排序和更新,在"图表目录"节中插入格式为"正式"的图表目录;使用交叉引用功能,修改图表上方正文中对于图表标题编号的引用(已经用黄色底纹标记),以便这些引用能够在图表标题的编号发生变化时可以自动更新。

完成任务:

步骤1:删除正文中第1张图片下方"图1"字样,将光标定位在说明文字"库存的分类"

左侧,在【引用】选项卡下单击【题注】组中的"插入题注"按钮。在"标签"中选择"图"(如果没有"图",可单击"新建标签"按钮),单击"确定"按钮。删除"图 1"中间的空格。

步骤 2:单击【开始】选项卡,在【样式】组中的样式库中,右键单击"题注",选择"修改"。在弹出的"修改样式"对话框中,单击"居中"按钮,单击"确定"按钮。

步骤 3:选中第 1 张图片上方的黄色底纹文字"图 1",在【引用】选项卡下单击【题注】组中的"交叉引用"按钮,单击"引用类型"下拉按钮,选择"图",单击"引用内容"下拉按钮,选择"仅标签和编号",选择"图 1",单击插入按钮,再单击"关闭"按钮。

步骤 4:以同样的方法设置其余六张图片的题注以及交叉引用。

步骤 5:将光标定位在"请在此插入图表目录!"黄底文字前,单击【引用】选项卡下【题注】组中的"插入表目录"按钮,在弹出的图表目录对话框中单击"格式"下拉按钮,选择"正式",设置"题注标签"为"图",单击"确定"按钮如图 6-5 所示。最后删除黄底文字。

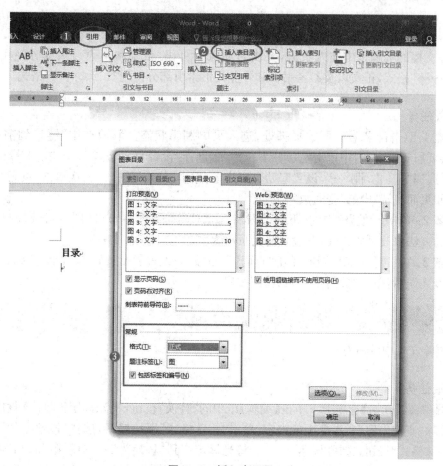

图 6-5　插入表目录

任务 7:标记索引

　　将文档中所有的文本"ABC 分类法"都标记为索引项;删除文档中文本"供应链"的索引项标记;更新索引。

完成任务：

步骤1： 找到文档正文中出现的一处"ABC分类法"文字并选中它，单击【引用】选项卡下【索引】组中的"标记索引项"按钮，在弹出的对话框中单击"标记全部"按钮，单击"关闭"按钮。

步骤2： 单击【开始】选项卡，在【段落】组中单击"显示/隐藏编辑标记"按钮，使其处于高亮状态。单击【开始】选项卡，在【编辑】组中单击"替换"按钮，打开"查找和替换"对话框。在"查找内容"文本框中输入"供应链"，将光标定位在"供应链"之后，单击"更多"按钮，单击"特殊格式"下拉按钮，选择"域"。在"替换为"文本框中输入"供应链"，单击"全部替换"按钮，单击"关闭"按钮。

步骤3： 将光标定位在文档最后一页的索引内容上，右键单击任意索引文字，选择"更新域"。

任务8：插入页码

在文档的页脚正中插入页码，要求封面页无页码，目录和图表目录部分使用"Ⅰ、Ⅱ、Ⅲ……"格式，正文以及参考书目和专业词汇索引部分使用"1、2、3……"格式。

完成任务：

步骤1： 双击目录第一页的页脚处，进入页脚编辑状态。取消选中"链接到前一条页眉"，在【页眉和页脚】组中单击"页码"下拉按钮，选择"设置页码格式"。单击"编号格式"下拉按钮，选择"Ⅰ,Ⅱ,Ⅲ,…"，设置起始页码为Ⅰ，单击"确定"按钮。再次单击"页码"下拉按钮，选择"页面底端"中的"普通数字2"。

步骤2： 单击【导航】组中的"下一节"按钮，此时定位到第3节（即图表目录）的页脚，按照同样的方法修改页码格式，并设置起始页码为Ⅰ。

步骤3： 单击"下一条"按钮，单击"页码"下拉按钮，设置起始页码为1，单击"确定"按钮。页码检查无误后，单击"关闭页眉和页脚"按钮。

任务9：删除空行

删除文档中的所有空行。

完成任务：

步骤1： 在【开始】选项卡下单击【编辑】组中的"替换"按钮，将光标定位到"查找内容"文本框，删除"查找内容"文本框中的内容，单击"特殊格式"下拉按钮，选择"段落标记"。再次单击"特殊格式"按钮，选择"段落标记"。将光标定位到"替换为"文本框，删除原有内容，单击"特殊格式"下拉按钮，选择"段落标记"。单击全部替换按钮，由于连续的多个段落标记并不能用此方法一次全部消除，再多次单击"全部替换"按钮进行多次替换，完成替换后，单击"关闭"按钮。如有必要，手动删除空行。

步骤2： 光标定位到目录，在【引用】选项卡下的【目录】组中单击"更新目录"按钮，在弹出的"更新目录"对话框中选中"只更新页码"单选按钮，单击"确定"按钮。

步骤3： 光标定位到图表目录，单击【题注】组中的"更新表格"按钮，在弹出的"更新图表目录"对话框中选中"只更新页码"单选按钮,单击"确定"按钮。

步骤 4:单击"保存"按钮,单击"关闭"按钮。

科技兴国

虚拟现实

虚拟现实技术(virtual reality,VR),又称灵境技术,是 20 世纪发展起来的一项全新的实用技术。虚拟现实技术囊括计算机、电子信息、仿真技术于一体,其基本实现方式是计算机模拟虚拟环境从而给人以环境沉浸感。它的应用范围很广泛,主要体现在如下几个方面:

1. 在影视娱乐中的应用

近年来,由于虚拟现实技术在影视业的广泛应用,以虚拟现实技术为主而建立的第一现场 9DVR 体验馆得以实现。第一现场 9DVR 体验馆自建成以来,在影视娱乐市场中的影响力非常大,此体验馆可以让观影者体会到置身于真实场景之中的感觉,让体验者沉浸在影片所创造的虚拟环境之中。同时,随着虚拟现实技术的不断创新,此技术在游戏领域也得到了快速发展。虚拟现实技术是利用电脑产生的三维虚拟空间,而三维游戏刚好是建立在此技术之上的,三维游戏几乎包含了虚拟现实的全部技术,使得游戏在保持实时性和交互性的同时,也大幅提升了游戏的真实感。

2. 在教育中的应用

如今,虚拟现实技术已经成为促进教育发展的一种新型教育手段。传统的教育只是一味地给学生灌输知识,而现在利用虚拟现实技术可以帮助学生打造生动、逼真的学习环境,使学生通过真实感受来增强记忆,相比于被动性灌输,利用虚拟现实技术来进行自主学习更容易让学生接受,这种方式更容易激发学生的学习兴趣。此外,各大院校利用虚拟现实技术还建立了与学科相关的虚拟实验室来帮助学生更好的学习。

3. 在设计领域的应用

虚拟现实技术在设计领域小有成就,例如室内设计,人们可以利用虚拟现实技术把室内结构、房屋外形通过虚拟技术表现出来,使之变成可以看得见的物体和环境。同时,在设计初期,设计师可以将自己的想法通过虚拟现实技术模拟出来,可以在虚拟环境中预先看到室内的实际效果,这样既节省了时间,又降低了成本。

4. 在医学方面的应用

医学专家们利用计算机,在虚拟空间中模拟出人体组织和器官,让学生在其中进行模拟操作,并且能让学生感受到手术刀切入人体肌肉组织、触碰到骨头的感觉,使学生能够更快地掌握手术要领。而且,主刀医生们在手术前,也可以建立一个病人身体的虚拟模型,在虚拟空间中先进行一次手术预演,这样能够大大提高手术的成功率,让更多的病人得以痊愈。

5. 在军事方面的应用

由于虚拟现实的立体感和真实感,在军事方面,人们将地图上的山川地貌、海洋湖泊等数据通过计算机进行编写,利用虚拟现实技术,能将原本平面的地图变成一幅三维立体的地形图,再通过全息技术将其投影出来,这更有助于进行军事演习等训练,提高我国的综合国力。

除此之外,现在的战争是信息化战争,战争机器都朝着自动化方向发展,无人机便是信息化战争的最典型产物。无人机由于它的自动化以及便利性深受各国喜爱,在战士训练期间,可以利用虚拟现实技术去模拟无人机的飞行、射击等工作模式。战争期间,军人也可以通过眼镜、头盔等机器操控无人机进行侦察和暗杀任务,减小战争中军人的伤亡率。由于虚拟现实技术能将无人机拍摄到的场景立体化,降低操作难度,提高侦查效率,所以无人机和虚拟现实技术的发展刻不容缓。

6. 在航空航天方面的应用

由于航空航天是一项耗资巨大,非常繁琐的工程,所以,人们利用虚拟现实技术和计算机的统计模拟,在虚拟空间中重现了现实中的航天飞机与飞行环境,使飞行员在虚拟空间中进行飞行训练和实验操作,极大地降低了实验经费和实验的危险系数。

第二部分　Excel 2016 高阶应用

随着电子信息化的发展,无论是在工作中还是在生活上,人们需要对面临的各种各样的信息和数据进行收集、整理与查阅。因此,越来越多的人通过电子表格处理软件对自己的数据进行管理和分析。

作为 MS Office 办公套件的一个重要组成部分,Excel 是一款功能强大的电子表格处理软件,除了输入、保存各类数据制成图表等基础功能外,其丰富的函数可对数据进行复杂的运算,强大的排序、筛选、合并计算、分类汇总、数据透视、模拟运算、宏及控件等工具可对数据快速进行各类统计与分析,充分的应用于人事管理、行政管理、财务管理、市场与营销管理、生产管理、仓库管理、投资分析等领域,多样的图表功能则可以使得数据更加直观、形象地展现出来。

本书以 Excel 2016 软件为平台,通过《市场调研停车收费记录》《分析空气质量数据》《统计分析人口普查数据》等 6 个案例,采用实用案例制作的方式,深入了解 Excel 2016 的高阶应用,通过具体的工作任务提高学习者 Excel 操作水平,大力提高学习、工作的效率和效果。

项目 7　市场调研停车收费记录

7.1　学习目标

田天天就职于某停车场,他经常受到投诉,主要集中在客户对停车收费时间有不同的意见。为了解决这个矛盾,田天天计划调整收费标准,拟从原来"不足 15 分钟按 15 分钟收费"调整为"不足 15 分钟部分不收费"的收费政策,但他需要数据来说服投资方。他从市场部抽取了历史停车收费记录,期望通过分析掌握该政策调整后对营业额的影响,请帮他完成此项工作。

完成后的参考效果如图 7-1 所示。

求和项:收费金额	列标签							
行标签	2014年5月26日	2014年5月27日	2014年5月28日	2014年5月29日	2014年5月30日	2014年5月31日	2014年6月1日	总计
大型车	3202.5	1107.5	1910	2512.5	1682.5	1987.5	2447.5	14850
小型车	1632	807	768	1311	1422	1129.5	1137	8206.5
中型车	1946	996	1616	968	1454	1672	2312	10964
总计	6780.5	2910.5	4294	4791.5	4558.5	4789	5896.5	34020.5

求和项:拟收费金额	列标签							
行标签	2014年5月26日	2014年5月27日	2014年5月28日	2014年5月29日	2014年5月30日	2014年5月31日	2014年6月1日	总计
大型车	3122.5	1067.5	1850	2427.5	1620	1920	2365	14372.5
小型车	1584	777	745.5	1272	1371	1093.5	1105.5	7948.5
中型车	1882	954	1570	924	1402	1622	2240	10594
总计	6588.5	2798.5	4165.5	4623.5	4393	4635.5	5710.5	32915

求和项:收费差值	列标签							
行标签	2014年5月26日	2014年5月27日	2014年5月28日	2014年5月29日	2014年5月30日	2014年5月31日	2014年6月1日	总计
大型车	-80	-40	-60	-85	-62.5	-67.5	-82.5	-477.5
小型车	-48	-30	-22.5	-39	-51	-36	-31.5	-258
中型车	-64	-42	-46	-44	-52	-50	-72	-370
总计	-192	-112	-128.5	-168	-165.5	-153.5	-186	-1105.5

图 7-1　停车收费记录分析图

本案例涉及知识点:保存三要素;单元格格式;VLOOKUP 函数;ROUNDDOWN 函数;ROUNDUP 函数;表格格式;条件格式;数据透视表。

7.2　相关知识

1. 保存的三要素:位置、文件名、文件类型

利用修改保存类型可以方便地将表格转换成常用的其他格式,如 97—2003 版、PDF、网页等;在位置方面可以使用另存到当前文件夹,以便和前一版文件放在一起或者自己常用的位置。

2. 纵向查找函数

格式为:VLOOKUP(lookup_value,table_array,col_index_num,range_lookup)。

VLOOKUP 函数共有四个参数,第一个参数表示要检索的关键字;第二个参数表示要检索的区域;第三个参数表示返回数据在检索区域中的列号,从 1 开始标号;最后一个参数表示匹配类型,其中 false 或者 0 表示精确匹配,true 或者 1 表示模糊匹配。

使用 VLOOKUP 函数时,要确保检索关键字在检索区域的首列,VLOOKUP 函数也被

称为"首列查找函数"。

3. ROUNDDOWN 和 ROUNDUP 函数

ROUNDDOWN(number,num_digits),是指靠近零值,向下(绝对值减小的方向)舍入数字。number 为需要向下舍入的任意实数;num_digits 舍入后的数字的位数。

ROUNDUP(number, num_digits),朝着远离 0(零)的方向将数字进行向上舍入。number 为需要向上舍入的任意实数,num_digits 舍入后的数字的小数位数。

函数 ROUNDUP 和函数 ROUND 功能相似,不同之处在于函数 ROUNDUP 总是向上舍入数字(就是要舍去的首数小于 4 也进数加 1)。如果 num_digits 大于 0,则向上舍入到指定的小数位。如果 num_digits 等于 0,则向上舍入到最接近的整数。如果 num_digits 小于 0,则在小数点左侧向上进行舍入。

【微信扫码】
项目微课

7.3　项目实施

本项目实施的基本流程如下:

任务 1:建立分析表格

在素材包里打开"收费记录. xlsx"文件另存为"天天的分析. xlsx"(". xlsx"为扩展名)。

完成任务:

步骤:打开素材文件夹下的"收费记录. xlsx"文件,单击【文件】选项卡,选择"另存为"。在弹出的对话框里,输入文件名"天天的分析. xlsx",单击"保存"按钮,如图 7-2 所示。

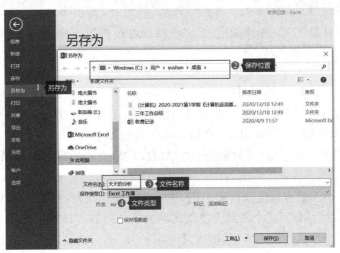

图 7-2　"另存为"对话框

任务2：设计单元格格式

在"停车收费记录"工作表中，涉及金额的单元格均设置为带货币符号(¥)的会计专用类型格式，并保留2位小数。

完成任务：

步骤：按住 Ctrl 键，同时选中 E、K、L、M 列单元格，在【开始】选项卡下的【数字】组中单击扩展按钮，打开"设置单元格格式"对话框，在"数字"选项卡的"分类"中选择"会计专用"，设置"小数位数"为"2"，货币符号："¥"，单击"确定"按钮，如图 7-3 所示。

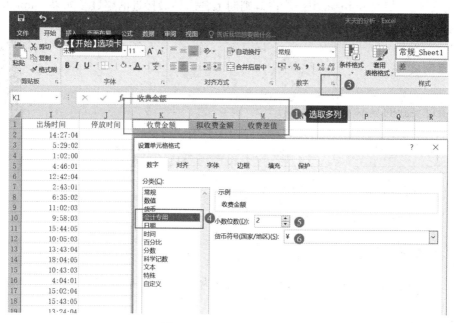

图 7-3 设置单元格格式

任务3：填充"收费标准"列

参考"收费标准"工作表，利用公式将收费标准金额填入到"停车收费记录"工作表的"收费标准"列。

完成任务：

步骤 1：选择"停车收费记录"表中的 E2 单元格，在编辑栏中输入"=VLOOKUP(C2，收费标准! A＄3；B＄5，2，FALSE)"，在输入函数的过程中可以如图 7-4 所示先双击选中函数后，在编辑栏里点击 *f_x* 打开对话框进行参数设置，查找的第一个参数点击 C2 单元格（小型车）。

步骤 2：第二个参数查找范围跨表引用，选中"收费标准"表中的 A3：B5 区域，并利用 F4 快捷键设定为绝对引用；第三个参数为所选区域的第二列数值，填写为 2，如图 7-5 所示。

步骤 3：第四个参数为模糊匹配，输入"False"。

步骤 4:按 Enter 键完成运算,利用自动填充功能填充该列其余单元格。

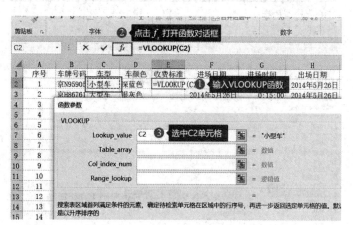

图 7‐4　VLOOKUP 函数对话框 1

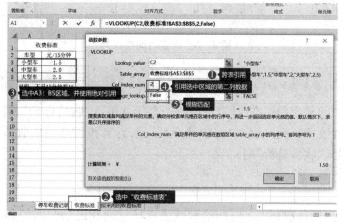

图 7‐5　VLOOKUP 函数对话框 2

任务 4:计算"停放时间"

　　利用"停车收费记录"工作表中"出场日期""出场时间"与"进场日期""进场时间"列的关系,计算"停放时间"列,该列计算结果的显示方式为"××小时××分钟"。

完成任务:

　　步骤 1:选中 J 列单元格,在【开始】选项卡下,单击【数字】组中的扩展按钮,在"分类"中选择"时间",将"时间"类型设置为"××时××分",再次在"分类"中选择"自定义",类型修改为"[h]"小时"mm"分钟";@",单击"确定"按钮。

　　步骤 2:选中 J2 单元格,在编辑栏中输入"＝H2－F2＋I2－G2",按 Enter 键完成运算,利用自动填充功能填充该列其余单元格。

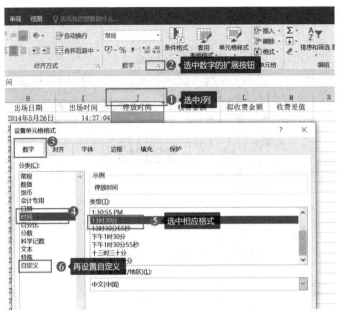

图 7 - 6　设置时间格式

任务 5：比较"收费金额"

　　依据停放时间和收费标准，计算当前收费金额并填入"收费金额"列；计算拟采用新收费政策后预计收费金额并填入"拟收费金额"列；计算拟调整后的收费与当前收费之间的差值，并填入"收费差值"列。

完成任务：

　　步骤 1：利用出场日期和出场时间的和减去进场日期和进场时间的和，得到停放天数。即选中 K2 单元格，输入公式"＝（H2＋I2）－（F2＋G2）"，得到天数"0.60"。

　　步骤 2：修改公式，将天数计算成分钟，即修改为"＝（（H2＋I2）－（F2＋G2））＊24＊60"，得到停放分钟。

　　步骤 3：再次修改公式，利用除去计费单位 15 分钟得到计费次数，结果为"57.40"。由于当前计费为"不足 15 分钟按 15 分钟收费"，所以使用 ROUNDUP 函数统计为 58 次，并乘以相应收费标准所在的 E2 单元格，即公式修改为"＝ROUNDUP（（（H2＋I2）－（F2＋G2））＊24＊60/15，0）＊E2"，如图 7 - 7 所示。

　　步骤 4：按 Enter 键完成运算，利用自动填充功能填充该列其余单元格。

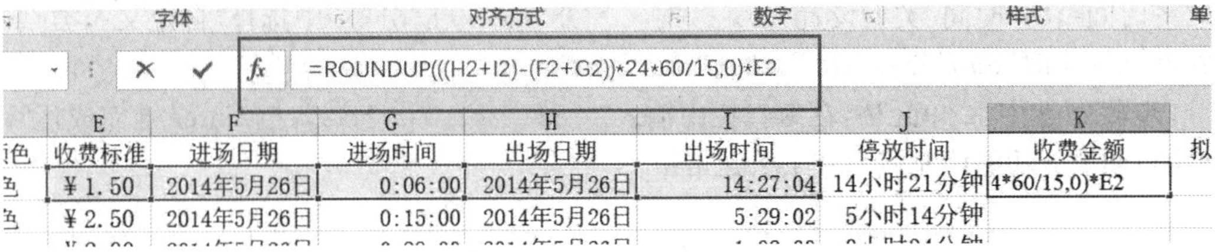

	字体		对齐方式		数字		样式	单
	✕ ✓	*fx*	=ROUNDUP(((H2+I2)-(F2+G2))*24*60/15,0)*E2					

色	收费标准	进场日期	进场时间	出场日期	出场时间	停放时间	收费金额	拟
色	¥1.50	2014年5月26日	0:06:00	2014年5月26日	14:27:04	14小时21分钟	4*60/15,0)*E2	
色	¥2.50	2014年5月26日	0:15:00	2014年5月26日	5:29:02	5小时14分钟		
	¥2.00	2014年5月26日						

图 7 - 7　输入 ROUNDUP 函数

步骤 5:选中 L2 单元格,在编辑栏中输入"＝ROUNDDOWN(((H2＋I2)－(F2＋G2))＊24＊60/15,0)＊E2",按 Enter 键完成运算,利用自动填充功能填充该列其余单元格。

步骤 6:选中 M2 单元格,在编辑栏中输入"＝L2－K2",按 Enter 键完成运算,利用自动填充功能填充该列其余单元格。

任务 6:计算汇总数据

将"停车收费记录"工作表数据套用"表样式中等深浅 12"表格格式,并添加汇总行,为"收费金额""拟收费金额"和"收费差值"列进行汇总求和。

完成任务:

步骤 1:选中任意一个数据区域单元格,单击【开始】选项卡下【样式】组中的"套用表格格式"下拉按钮,选择"表样式中等深浅 12",在弹出的对话框中保持默认设置,单击"确定"按钮,如图 7-8 所示。

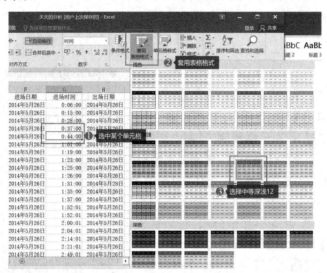

图 7-8　套用表格格式

步骤 2:在【表格工具】|【设计】选项卡下,勾选【表格样式选项】组中的"汇总行"复选框。

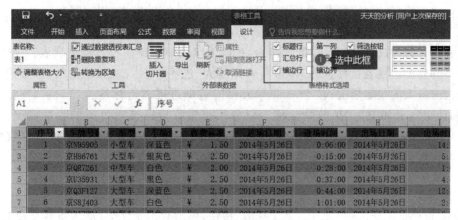

图 7-9　插入汇总行

步骤 3: 选择 K551 单元格,单击下拉按钮,选择"求和",如图 7 - 10 所示。

步骤 4: 按照同样的方法设置 L551 和 M551 单元格。

图 7 - 10　汇总行求和

任务 7:突出显示特殊单元格

在"收费金额"列中,将单次停车收费达到 100 元的单元格突出显示为黄底红字格式。

完成任务:

步骤 1: 选择 K2:K550 单元格区域,然后切换至【开始】选项卡,单击【样式】组中的"条件格式"下拉按钮,选择"突出显示单元格规则"中的"其他规则",如图 7 - 11 所示。在打开的"新建规则类型"对话框中,单击"大于"旁的下拉按钮,选择"大于或等于",设置数值为"100",单击"格式"按钮。

步骤 2: 在弹出的"设置单元格格式"对话框中,切换至"字体"选项卡,设置字体颜色为"红色"。

步骤 3: 切换至"填充"选项卡,设置背景色为"黄色"。

步骤 4: 单击"确定"按钮,关闭对话框。

图 7 - 11　条件格式设置

任务 8:建立数据透视分析表

新建名为"数据透视分析"的工作表,在该工作表中创建 3 个数据透视表。位于 A3 单元格的数据透视表行标签为"车型",列标签为"进场日期",求和项为"收费金额",以分析当前每天的收费情况;位于 A11 单元格的数据透视表行标签为"车型",列标签为"进场日期",求和项为"拟收费金额",以分析调整收费标准后每天的收费情况;位于 A19 单元格的数据透视表行标签为"车型",列标签为"进场日期",求和项为"收费差值",以分析调整收费标准后每天的收费变化情况。

完成任务:

步骤 1: 单击工作表最右侧的"新工作表"按钮,然后双击工作表标签,将其重命名为"数据透视分析"。

步骤 2:选中 A3 单元格,切换至【插入】选项卡,单击【表格】组中的"数据透视表"命令,在弹出的"创建数据透视表"对话框,确认选择了"选择一个表或区域"单选按钮,定位到"停车缴费记录"工作表,选择任意一个数据单元格,按 Ctrl+A 快捷键全选,单击"确定"按钮,如图 7-12 所示。

图 7-12　数据透视表对话框

步骤 3:在【数据透视表字段列表】中右键单击"车型",选择"添加到行标签";右键单击"进场日期",选择"添加到列标签";右键单击"收费金额",选择"添加到值"。

图 7-13　数据透视表字段

步骤 4:用同样的方法得到第二和第三个数据透视表。

步骤 5:单击"保存"按钮,保存文件。

机器人流程自动化 RPA

二十世纪九十年代末，全球500强公司开始将其业务流程外包给低成本国家，然而随着外包成本的逐渐提高，这种基于廉价劳力的方式渐渐不受欢迎。更为重要的是，各个公司逐渐意识到，数据隐私比成本压缩要更加重要，与其把数据交给不知底细的外包人员来处理，还不如把数据交给活动范围仅限于内网的机器人来处理，因为后者显然更加安全可控。全球500强逐步将目光转移到了业务流程自动化（business process automation，BPA），RPA作为BPA的最佳实践方式，由此华丽登场。

机器人流程自动化是以软件机器人和人工智能为基础，通过模仿用户手动操作的过程，让软件机器人自动执行大量重复的、基于规则的任务，将手动操作自动化的技术。如在企业的业务流程中，纸质文件录入、证件票据验证、从电子邮件和文档中提取数据、跨系统数据迁移、企业IT应用自动操作等工作，可以通过机器人流程自动化技术准确、快速地完成，减少人工错误、提高效率、大幅降低运营成本。

RPA就是数字员工。一般而言第四次工业革命是以人工智能、量子技术为代表的创新与发展。数字员工的出现同历次工业革命的标志物有着本质的区别。数字员工虽然出现时间不长，但其生命力、能力、成长性已经得到各界的公认，正由初期的复制功能、从事重复有规则的工作，到流程的优化，向智能化决策与管理迈进。比如说一些传统办公流程，工作人员经常要耗费大量的时间来操作一些重复性的有规律的工作，那么这些任务就可以交给PRA软件来进行操作。

又例如，在IT运维自动化领域，某国内最大的电子商务网站使用RPA帮助店小二完成店铺运营、业务对接、服务售后等大量简单重复工作；在程序化交易领域，多家证券公司使用RPA代替人工，实现自动开闭市并避免人力操作事故；在智能自动化运营领域，电信运营商通过RPA实现客户洞察、工单分配、舆情监测等服务，极大降低运维成本。这些可称之为特定领域的RPA产品。

目前RPA结合AI发展成AI＋RPA，成为新一代数字员工。注入AI决策能力的RPA仿佛拥有了灵魂，能够帮助人去做一些数据统计分析评估工作，比如银行中的风控分析师，就可以借助AI＋RPA进行分析决策。

项目8 分析空气质量数据

8.1 学习目标

研究部从环保部数据中心网站(http://www.mee.gov.cn/)抓取了全国各大城市每一天的空气质量指数,时间范围是2016年1月1日至2016年12月31日的一整年,拟通过对各城市的AQI平均值、大于100的天数、小于50的天数等指标进行统计和分析。在第一阶段,小许需要使用Excel表格分析中国一线的3个城市的空气质量,对PM2.5及PM10各数据范围进行标识,并最终生成如下图所示的动态、城市、月平均图,请帮助她完成数据整理和分析工作。

完成后的参考效果如图8-1所示。

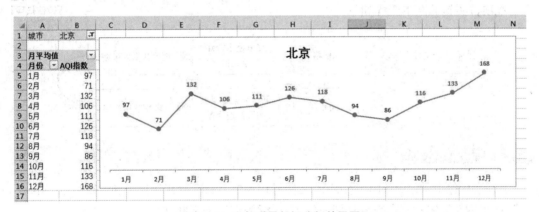

图8-1 空气质量数据分析效果图

本案例涉及知识点:单元格格式;LOOKUP函数;VLOOKUP函数;条件格式;and函数;WEEKDAY函数;数据透视表;数据透视图;页面布局。

8.2 相关知识

(1)工作中,我们经常在文件名称中加入修改日期,可以方便地找到需要的修订版本。

(2)LOOKUP函数是Excel中的一种运算函数,实质是返回向量或数组中的数值,要求数值必须按升序排序;使用区间数值时,要求从小到大排列,设置区间上限值,如题空气质量指数区间为0~50、51~100、101~150、151~200、201~300、>300,所以输入数组{0,51,101,151,201,301}。

(3)当有多张工作表字段和记录数量相同时,可以多张表一起设置格式和公式,有效地提高工作效率。所要特别注意的是,再次进行单表操作时要单击这多个表格以外的表格,释放成单表,才能进行下一步的单表操作。如果已选中全部表格,单击其中一张表格名称也可以释放成单表操作。

（4）and 函数的语法格式为：＝and(logical1，logical2，…)，其中 logical1，logical2 为判断条件，用来检验一组数据是否同时都满足条件。and($B2＞100，$C2＞100)表示同时满足两个条件。

（5）WEEKDAY(serial_number，return_type)返回代表一周中第几天的数值，在默认情况下，它的值为 1(星期天)到 7(星期六)之间的一个整数。

serial_number 是要返回日期数的日期，它有多种输入方式：带引号的本串（如"2001/02/26"）、序列号（如 35825 表示 1998 年 1 月 30 日）或其他公式或函数的结果［如 DATEVALUE("2000/1/30")］。

return_type 为确定返回值类型的数字，数字 1 或省略则 1 至 7 代表星期天到星期六；数字 2，则 1 至 7 代表星期一到星期天；数字 3 则 0 至 6 代表星期一到星期日。

8.3 项目实施

【微信扫码】
项目微课

本项目实施的基本流程如下：

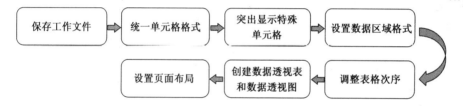

任务 1：保存工作文件

在素材包中，将"Excel 素材. xlsx"文件另存为"三城市 AQI 年度分析 20210322. xlsx"（". xlsx"为扩展名），放在与素材同一位置，后续操作均基于此文件。

完成任务：

步骤：在项目文件夹下打开"Excel 素材. xlsx"，单击【文件】选项卡，选择"另存为"，选择与素材同一位置。在弹出的对话框里输入文件名"Excel. xlsx"，单击"保存"按钮。

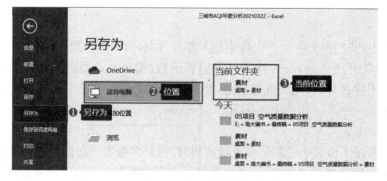

图 8‑2 文件保存位置设置

任务 2:统一单元格格式

删除"广州""北京"和"上海"3 张工作表中的全部超链接,并将这 3 张工作表中"日期"列数字格式都修改为"××年×月×日"格式,例如"16 年 5 月 8 日"

完成任务:

步骤 1:选中"广州"工作表的 A 列(点击列标),右击鼠标,选择"删除超链接"。

步骤 2:选中列,在"开始"选项卡的"数字"组中,单击右下角扩展按钮,在弹出的对话框中,切换到"日期",选择"2001 年 3 月 14 日",切换到"自定义",将"yyyy"年"m"月"d"日";@"修改为"yy"年"m"月"d"日";@",单击"确定"按钮(或者直接输入"yy"年"m"月"d"日";@"),如图 8-3 所示。

图 8-3 日期设置对话框

步骤 3:重复步骤 1、2 删除"北京"和"上海"工作表中的超链接和数字格式。

任务 3:突出显示特殊单元格

根据"空气质量指数说明"工作表中的空气质量分级标准,在"广州""北京"和"上海"3 张工作表的第 I 列和第 J 列分别统计每天空气"AQI 指数"所对应的"空气质量指数级别"和"空气质量指数类别"。

完成任务:

步骤 1:左击选中"广州"表,按下 Ctrl 键,再左击"北京"和"上海"两个表名,即同时选中三张表格一起操作。

步骤 2:点击 I2 单元格,插入 LOOKUP 函数,选中第一种参数方式,在弹出的对话框中第一个参数选择 B2 单元格,第二个参数输入一个数组{0,51,101,151,201,301},第三个参数选择"空气质量指数说明"表中的 B2:B7 区域并按 F4 加以绝对引用,单击"确定"按钮,如图 8-4 所示。

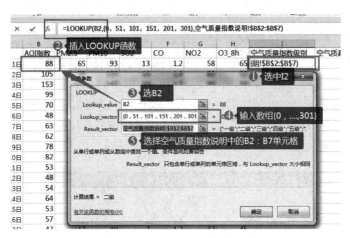

图 8-4　LOOKUP 函数对话框

步骤 3:利用填充柄完成 I 列其他单元格公式填充。

步骤 4:选择 J2 单元格,插入 VLOOKUP 函数,在弹出的对话框进行参数设置:第一个参数点击对应的 I2(二级);第二个参数查找范围跨表引用,选中"空气质量指数说明"表中的 B2:C7 区域,并利用 F4 快捷键设定为绝对引用;第三个参数为所选区域的第二列数值,所里填写为 2;第四个参数为模糊匹配,输入"0"或者"False",如图 8-5 所示。

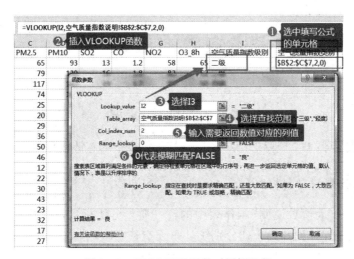

图 8-5　VLOOKUP 函数对话框设置

步骤 5:利用填充柄完成 J 列其他单元格公式填充。

任务 4:设置数据区域格式

设置"广州""北京"和"上海"3 张工作表中数据区域的格式:

① 为 3 个工作表数据区域的标题行设置适当的单元格填充颜色、字体颜色,并为 3 个工作表数据区域添加所有框线。

② 在"北京"工作表中,比较每天的 PM2.5 和 PM10 数值,将同一天中数值较大的单元格颜色填充为红色、字体颜色设置为"白色,背景 1"。

③ 在"上海"工作表中,如果某天 PM2.5 和 PM10 的数值都大于 100,则将该天整行记录的字体颜色都设置为红色。

④ 在"广州"工作表中,如果某天为周末(周六或周日),且 AQI 指数大于广州市 AQI 指数的全年平均值,则将该天整行记录的字体颜色设置为红色。

完成任务:

步骤 1:选中"广州"工作表的 A1:J1 单元格,设置字体颜色和单元格填充颜色(这边颜色随意设置,以看清为主,比如黄底红字)。

步骤 2:选中 A1 单元格,Ctrl＋A 快捷键全选整个数据区域,设置表格边框线(这边自行设置,只需要为所有单元格添加边框线即可),如图 8-6 所示。

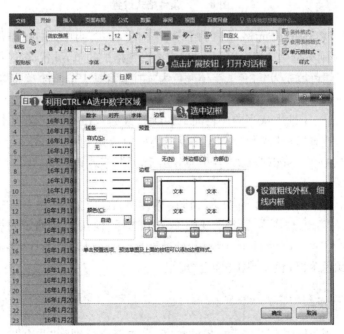

图 8-6 设置边框

步骤 3:在"北京"工作表中,选中 C2:C367 单元格(可以先选中 C2,再利用组合键 Ctrl＋Shift＋↓选中从当前单元格向下的一列数据),在【开始】选项卡的【样式】组中,单击"条件格式",选择"新建规则",在选择规则类型中选择"使用公式确定要设置格式的单元格",在规则中输入"＝C2＞D2",格式设置为:颜色填充为"红色"、字体颜色为"白色,背景 1",单击"确定"按钮,如图 8-7 所示。

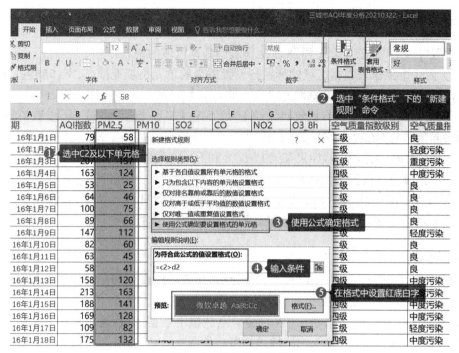

图 8-7 条件格式设置

步骤 4：选中 D2：D367 单元格，在"开始"选项卡的"样式"组中，单击"条件格式"，选择"新建规则"，在选择规则类型中选择"使用公式确定要设置格式的单元格"，在规则中输入"＝D2＞C2"，格式设置为：颜色填充为"红色"、字体颜色为"白色，背景 1"，单击"确定"按钮。

步骤 5：在"上海"工作表中，选中 A2：J367 单元格（可以先选中 A2：J2 一行数据，再利用组合键 Ctrl＋Shift＋↓选中从当前一行向下的所有数据），在"开始"选项卡的"样式"组中，单击"条件格式"，选择"新建规则"，在选择规则类型中选择"使用公式确定要设置格式的单元格"，在规则中输入"＝and（＄B2＞100，＄C2＞100）"，格式设置为：字体颜色为"红色"，单击"确定"按钮。

步骤 6：在"广州"工作表中，选中 A2：J367 单元格，在"开始"选项卡的"样式"组中，单击"条件格式"，选择"新建规则"，在选择规则类型中选择"使用公式确定要设置格式的单元格"，在规则中输入"＝and（weekday（＄a2，2）＞5，＄b2＞average（＄B＄2：＄B＄367））"，格式设置为：字体颜色为"红色"，单击"确定"按钮。

任务 5：调整表格次序

取消保护工作簿，调整工作表标签的顺序，自左至右分别为"北京""上海""广州"和"空气质量指数说明"。

完成任务：

步骤 1：在【审阅】选项卡的【更改】组中，单击"保护工作簿"，取消保护工作簿。

步骤 2：调整工作表顺序，自左至右分别为"北京""上海""广州"和"空气质量指数说明"，在工作簿的左下角直接拖拉表名到指定位置即可。

任务 6：创建数据透视表和数据透视图

参照项目文件夹下"数据透视表和数据透视图.png"文件中的样例效果，按照如下要求，在新的工作表中创建数据透视表和数据透视图：

① 数据透视表置于 A1：B16 单元格区域，可以显示每个城市 1—12 月 AQI 指数的平均值，不显示总计值，数值保留 0 位小数，并修改对应单元格中的标题文字。

② 数据透视图置于 C1：N16 单元格区域中，图表类型为带数据标记的折线图。

③ 数据透视图中不显示纵坐标轴、图例和网格线。

④ 数据透视图数据标记类型为实心圆圈，大小为 7。

⑤ 数据透视图显示数据标签，且当数据标签的值大于 100 时，标签字体颜色为红色（颜色应可以根据选择城市的不同而自动变化）。

⑥ 数据透视图图表标题为城市名称，且应当随数据透视表 B1 单元格中所选城市的变化而自动更新。

⑦ 隐藏数据透视图中的所有按钮。

⑧ 将数据透视表和数据透视图所在工作表命名为"月均值"，并置于所有工作表右侧。

⑨ 将数据透视图最终显示的城市切换为"北京"。

完成任务：

步骤 1： 在"北京"工作表中同时按下 Alt＋D 快捷键，再按下 P 键，打开"数据透视表和数据透视图向导"，选择"多重合并计算数据区域"以及"数据透视表"，单击"下一步"，选择"自定义页字段"，单击"下一步"，分别添加"北京！＄A＄1：＄B＄367""上海！＄A＄1：＄B＄367""广州！＄A＄1：＄B＄367"数据区域，在"请先指定要建立在数据透视表中的页字段数目"选择"1"，并分别为区域设置字段：北京、上海、广州，单击"完成"即可，如图 8－8所示。

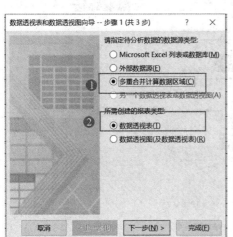
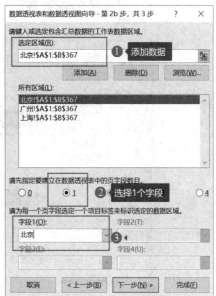

图 8-8　数据透视表和数据透视图向导

步骤 2：选中 B1 单元格的下拉按钮，选择"北京"。A1 单元格修改为：城市；A3：月平均值；A4：月份，删除 B3 单元格内容（在编辑栏删除）。

步骤 3：在"数据透视表工具｜设计"选项卡的"布局"组中，单击"总计"按钮，选择"对行和列禁用"，如图 8－9 所示。

图 8－9　设置总计

步骤 4：选中 A5 单元格，右击，在右键菜单中，选择"创建组"，在"分组"中步长选择"月"，单击"确定"按钮即可。

步骤 5：选中 B7 单元格，右击，选择"值字段设置"，计算类型：平均值，单击"数字格式"按钮，设置单元格格式为数值型，0 位小数，单击"确定"即可。

步骤 6：选中 B7 单元格，在"插入"选项卡的"图表"组中，单击"折线图"中的"带数据标记的折线图"，并调整图表大小和位置到 C1:N1 6 单元格，如图 8－10 所示。

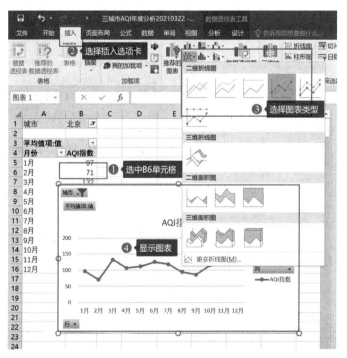

图 8－10　插入数据折线图

　　步骤 7:选中图表,在【数据透视图工具】|【设计】选项卡的【图表布局】组中,单击"添加图表元素"按钮,设置取消图例,取消纵坐标轴显示;取消"网格线"显示,如图 8-11 所示。

　　步骤 8:在【数据透视图工具】|【设计】选项卡的【图表布局】组中,单击"添加图表元素"按钮,选择"数据标签",在右边的"设置数据标签格式"中选择"靠上""内置实心圆圈—大小 7",如图 8-12 所示,关闭即可。

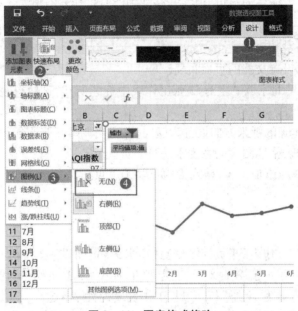

图 8-11　图表格式修改

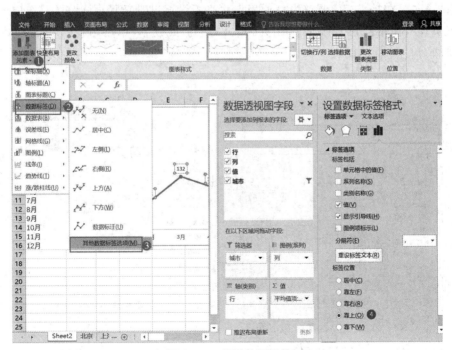

图 8-12　设置数据标签

步骤 9:选中图表中的数据标记,右击鼠标,选择"添加数据标签",在【数据透视图工具】|【布局】选项卡的【标签】组中,单击"数据标签"下拉按钮,选择"上方"。选中数据标签,右键单击,选择"字体",设置为"红色",单击"确定"按钮。

步骤 10:选中图表标题的边框,在编辑栏中输入=,单击 B1 单元格,按 Enter 键确认。

步骤 11:选中图表中的任一字段按钮,右击鼠标,选择"隐藏图表上的所有字段按钮"。

步骤 12:将工作表命名为"月均值",并移动到所有工作表右侧。

任务 7:设置页面布局

按照如下要求设置文档的页面布局:

① 设置"广州""北京"和"上海"3 张工作表中标题所在行,使得在打印时,会在每页重复出现。

② 将所有工作表的纸张方向设置为横向,并适当调整每张工作表的列宽和页边距,使得每个工作表中表格和图表的宽度不超过一页。

③ 为整个工作簿添加页脚,格式为"页码 of 总页数"(例如"3 of 10"),且位于页脚正中。

完成任务:

步骤 1:在"北京"工作表的【页面布局】选项卡的【页面设置】组中,单击"打印标题",在"顶端标题行"中选择第 1 行($1:$1),确定即可,如图 8-13 所示。

步骤 2:重复步骤 1 为"上海"和"广州"工作表设置打印标题。

步骤 3:在"北京"工作表的【页面布局】选项卡的【页面设置】组中,单击右下角扩展按钮,选择"横向",在"缩放"中调整为"1 页宽",页高不设置;切换到【页眉/页脚】选项卡,点击"自定义页脚",在中间位置添加"&[页码] of &[总页数]",单击"确定"按钮即可,如图 8-14 所示。

图 8-13 设置打印标题

图 8-14 打印设置

步骤 4: 在"北京"工作表中选择 A1 单元格,Ctrl＋A 快捷键全选数据区域,在"开始"选项卡"单元格"组中,单击"格式"下拉按钮,选择"自动调整列宽"。

步骤 5: 重复步骤 3 和 4 为其余工作表设置纸张方向、列宽、页边距、页脚(也可以按住Ctrl＋A 快捷键,全选所有的工作表一起设置)。

步骤 6: 保存并关闭文件。

科技兴国

区块链

区块链是分布式数据存储、点对点传输、共识机制、加密算法等计算机技术的新型应用模式。区块链(blockchain),是比特币的一个重要概念,它本质上是一个去中心化的数据库,同时作为比特币的底层技术,是一串使用密码学方法相关联产生的数据块,每一个数据块中包含了一批次比特币网络交易的信息,用于验证其信息的有效性(防伪)和生成下一个区块。区块链的应用领域有如下:

1. 金融领域

国际汇兑、信用证、股权登记和证券交易所等金融领域有着潜在的巨大应用价值。将区块链技术应用在金融行业中,能够省去第三方中介环节,实现点对点的直接对接,从而在大大降低成本的同时,快速完成交易支付。

比如 Visa 推出基于区块链技术的 Visa B2B Connect,它能为机构提供一种费用更低、更快速和安全的跨境支付方式来处理全球范围的企业对企业的交易。要知道传统的跨境支付需要等 3～5 天,并为此支付 1‰～3‰的交易费用。Visa 还联合 Coinbase 推出了首张比特币借记卡,花旗银行则在区块链上测试运行加密货币"花旗币"。

2. 物联网和物流领域

物联网和物流领域也可以天然结合。通过区块链可以降低物流成本,追溯物品的生产和运送过程,并且提高供应链管理的效率。该领域被认为是区块链一个很有前景的应用方向。

3. 公共服务领域

公共管理、能源、交通等领域都与民众的生产生活息息相关,但是这些领域的中心化特质也带来了一些问题,可以用区块链来改造。区块链提供的去中心化的完全分布式 DNS 服务通过网络中各个节点之间的点对点数据传输服务就能实现域名的查询和解析,可用于确保某个重要的基础设施的操作系统和固件没有被篡改,可以监控软件的状态和完整性,发现不良的篡改,并确保使用了物联网技术的系统所传输的数据没用经过篡改。

4. 数字版权领域

区块链技术,可以对作品进行鉴权,证明文字、视频、音频等作品的存在,保证权属的真实、唯一性。作品在区块链上被确权后,后续交易都会进行实时记录,实现数字版权全生命周期管理,也可作为司法取证中的技术性保障。例如,美国纽约一家创业公司 Mine Labs 开发了一个基于区块链的元数据协议,这个名为 Mediachain 的系统利用 IPFS 文件系统,实现数字作品版权保护,主要是面向数字图片的版权保护应用。

5. 保险领域

在保险理赔方面,保险机构负责资金归集、投资、理赔,往往管理和运营成本较高。通过智能合约的应用,既无须投保人申请,也无须保险公司批准,只要触发理赔条件,实现保单自动理赔。

6. 公益领域

区块链上存储的数据,高可靠且不可篡改,天然适合用在社会公益场景。公益流程中的相关信息,如捐赠项目、募集明细、资金流向、受助人反馈等,均可以存放于区块链上,并且有条件地进行透明公开公示,方便社会监督。

项目9 统计分析人口普查数据

9.1 学习目标

全国人口普查是由国家来制订统一的时间节点和统一的方法、项目、调查表,严格按照指令依法对全国现有人口普遍地、逐户逐人地进行一次全项调查登记,数据汇总分析报告,普查重点是了解各地人口发展变化、性别比例、出生性别比等,全国人口普查属于国情调查。2019年11月,经李克强总理签批,国务院决定于2020年11月1日零时开展第七次全国人口普查,目前数据尚未统计完成。李小楠参加了某公司商业经济研究组,按分工他要提供地区人员分布数据,以供公司进行商业布局,请借助国家普查数据帮助他完成此项工作。

完成后的参考效果如图9-1所示。

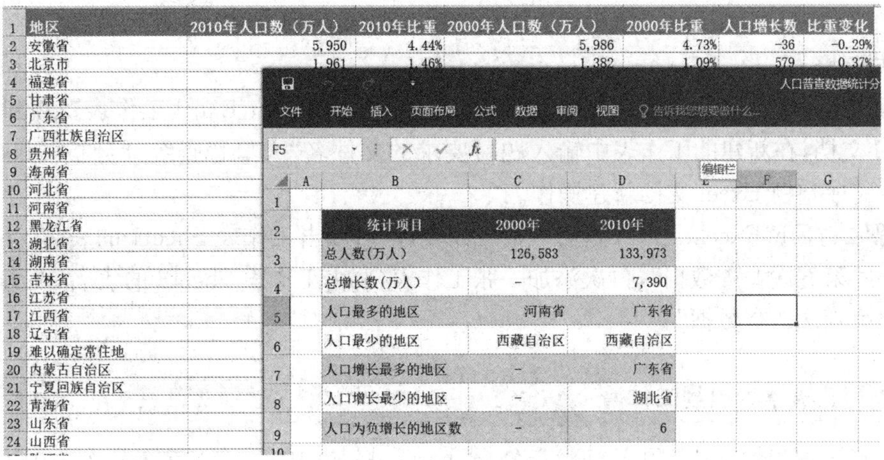

图9-1 人口分析数据

本案例涉及知识点:获取外部数据;合并计算;排序;MATCH 函数;INDEX 函数;COUNTIFS 函数;数据透视表。

9.2 相关知识

(1) 布局完全相同的表格可利用"合并计算"进行多表合并。

(2) 从不同工作簿复制工作表时需要两个工作簿均打开,选择建立副本为复制,否则为移动。

(3) MATCH 函数是 Excel 主要的查找函数之一,返回指定数值在指定数组区域中的位置。MATCH 函数可在单元格区域中搜索指定项,然后返回该项在单元格区域中的相对位置。语法:MATCH(lookup_value,lookup_array,[match_type])。

【微信扫码】
项目微课

9.3 项目实施

本项目实施的基本流程如下:

任务1:新建工作簿

新建一个空白 Excel 文档,将工作表 Sheet1 更名为"第五次普查数据",将 Sheet2 更名为"第六次普查数据",将该文档以"人口普查统计分析. xlsx"为文件名(". xlsx"为扩展名)保存在桌面。

完成任务:

步骤1: 在桌面上单击鼠标右键,选择"新建"→"Microsoft Excel 工作表",新建一个空白 Excel 文档,在新建的工作表中输入题目要求的文件名"人口普查统计分析. xlsx",单击回车键,完成空白 Excel 文档新建操作。

步骤2: 打开"Excel. xlsx",添加一张工作表,然后双击工作表 Sheet1 的表名,在编辑状态下输入"第五次普查数据",再次添加一张工作表,双击工作表 Sheet2 的表名,在编辑状态下输入"第六次普查数据"。

任务2:网页表格导出到工作簿

浏览网页"第五次全国人口普查公报. htm",将其中的"2000 年第五次全国人口普查主要数据"表格导入到工作表"第五次普查数据"中;浏览网页"第六次全国人口普查公报. htm",将其中的"2010 年第六次全国人口普查主要数据"表格导入工作表"第六次普查数据"中(要求均从 A1 单元格开始导入,不得对两个工作表中的数据进行排序)。

完成任务:

步骤1: 在工作表"第五次普查数据"中选中 A1,单击【数据】选项卡下【获取外部数据】组中的"现有连接"按钮,弹出"现有连接"对话框,单击"浏览更多",在"选择数据源"对话框中定位到素材文件夹,选择"第五次全国人口普查公报. htm",单击"打开"按钮,如图 9-2 所示,单击要选择的表旁边的带方框的黑色箭头,使黑色箭头变成对号,然后单击"导入"按钮。之后会弹出"导入数据"对话框,选择"数据的放置位置"为"现有工作表",在文本框中输入"=＄A＄1",单击"确定"按钮。

步骤2: 按照上述方法将"第六次全国人口普查公报. htm"中的"2010 年第六次全国人口普查主要数据"表格导入工作表"第六次普查数据"中。

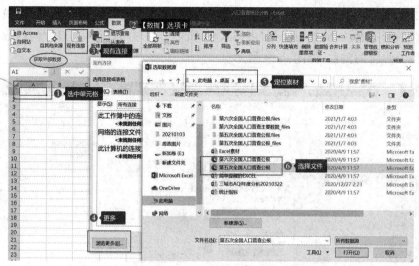

图 9-2　获取外部数据

任务 3:设置表格样式

　　对两个工作表中的数据区域套用合适的表格样式,要求至少四周有边框、且偶数行有底纹,并将所有人口数列的数字格式设为带千分位分隔符的整数。

完成任务:

　　步骤 1:在工作表"第五次普查数据"中选中数据区域,在【开始】选项卡的【样式】组中单击"套用表格格式"下拉按钮,按照任务要求至少四周有边框且偶数行有底纹,此处可选择"表样式中等深浅 5",单击"确定"按钮。在弹出的对话框中单击"是"按钮。选中 B 列,单击【开始】选项卡下【数字】组中对话框启动器按钮,弹出"设置单元格格式"对话框,在"数字"选项卡的"分类"下选择"数值",在"小数位数"微调框中输入"0",勾选"使用千位分隔符"复选框,然后单击"确定"按钮,如图 9-3 所示。

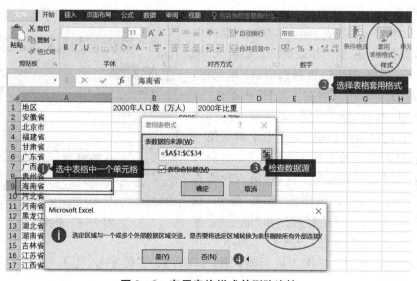

图 9-3　套用表格样式并删除连接

步骤 2:按照上述方法对工作表"第六次普查数据"套用合适的表格样式,要求至少四周有边框且偶数行有底纹,此处可套用"表样式中等深浅 7",并将所有人口数列的数字格式设为带千分位分隔符的整数,如图 9-4 所示。

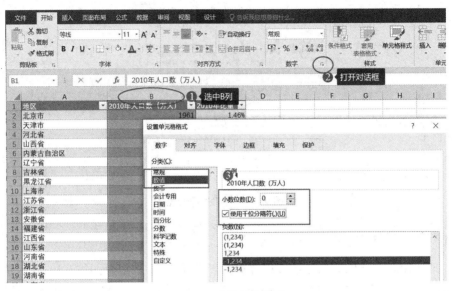

图 9-4　设置数字格式

任务 4:合并表格数据

　　将两个工作表内容合并,合并后的工作表放置在新工作表"比较数据"中(自 A1 单元格开始),且保持最左列仍为地区名称、A1 单元格中的列标题为"地区",对合并后的工作表适当的调整行高列宽、字体字号、边框底纹等,使其便于阅读。以"地区"为关键字对工作表"比较数据"进行升序排列。

完成任务:

　　步骤 1:增加一工作表 Sheet3,在编辑状态下输入"比较数据"。在该工作表的 A1 中输入"地区",按 Enter 键完成输入,重新选中 A1 单元格,然后在【数据】选项卡的【数据工具】组中单击"合并计算"按钮,弹出"合并计算"对话框,设置"函数"为"求和",在"引用位置"文本框中键入第一个区域"第五次普查数据!＄A＄1:＄C＄34",单击"添加"按钮,键入第二个区域"第六次普查数据!＄A＄1:＄C＄34",单击"添加"按钮,在"标签位置"下勾选"首行"复选框和"最左列"复选框,然后单击"确定"按钮,如图 9-5 所示。

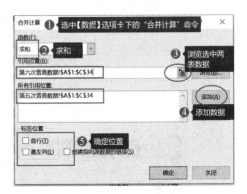

图 9-5　合并数据

　　步骤 2:对合并后的工作表适当的调整行高列宽、字体字号、边框底纹等。选中 A1:

G34,在【开始】选项卡下【单元格】组中单击"格式"下拉按钮,从弹出的下拉列表中选择"自动调整行高",单击"格式"下拉按钮,从弹出的下拉列表中选择"自动调整列宽"。在【开始】选项卡下【字体】组中单击对话框启动器按钮,弹出"设置单元格格式"对话框,设置"字体"为"黑体",字号为"2",单击"边框"选项卡,单击"外边框"和"内部"后单击"确定"按钮。在【开始】选项卡的【样式】组中单击"套用表格格式"下拉按钮,弹出下拉列表,此处可选择"表样式浅色 13",勾选"表包含标题",单击"确定"按钮。

步骤 3:选中数据区域的任一单元格,单击【数据】选项卡下【排序和筛选】组中的【排序】按钮,弹出"排序"对话框,设置"主要关键字"为"地区","次序"为"升序",单击"确定"按钮。

任务 5:计算增长数及比重

在合并后的工作表"比较数据"中的数据区域最右边依次增加"人口增长数"和"比重变化"两列,计算这两列的值,并设置合适的格式。

其中:人口增长数＝2010 年人口数－2000 年人口数;比重变化＝2010 年比重－2000 年比重。

完成任务:

步骤 1:在合并后的工作表"比较数据"中的有效区域 F1 和 G1 中依次输入"人口增长数"和"比重变化",手动调整 F 列和 G 列的列宽,便于阅读。

步骤 2:选中工作表"比较数据"中的 F2 单元格,在编辑栏中输入公式"＝B2－D2",完成后按 Enter 键。选中 G2 单元格,在编辑栏中输入公式"＝C2－E2",完成后按 Enter 键。

任务 6:插入工作表

打开工作簿"统计指标,xlsx",将工作表"统计数据"插入到正在编辑的文档"人口普查统计分析. xlsx"中工作表"比较数据"的右侧。

完成任务:

步骤 1:打开工作簿"统计指标. xlsx"。

步骤 2:选中工作表"统计数据",单击鼠标右键,选择"移动或复制"命令,弹出"移动或复制工作表"对话框。

步骤 3:在"工作簿"中选择"Excel. xlsx",在"下列选定工作表之前"处,选择"(移至最后)",点"确定"按钮后,完成工作表插入。

任务 7:计算统计数据

在工作簿"人口普查统计分析. xlsx"的工作表"统计数据"中的相应单元格内填入统计结果。

完成任务:

步骤:"统计数据"工作表中的公式如下:

C3＝SUM(比较数据! D2:D34)

D3＝SUM(比较数据！B2：B34)

D4＝SUM(比较数据！F2：F34)

C5＝INDEX(比较数据！A2：A34，MATCH(MAX(比较数据！D2：D34)，比较数据！D2：D34，))，如图9-6所示理解操作方法，如图9-7、图9-8所示进行操作。

D5＝INDEX(比较数据！A2：A34，MATCH(MAX(比较数据！B2：B34)，比较数据！B2：B34，))

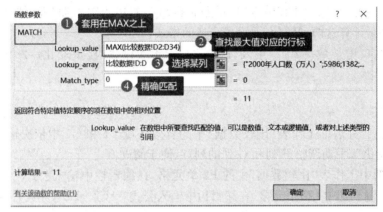

图9-6　三函数套用

图9-7　MATCH函数

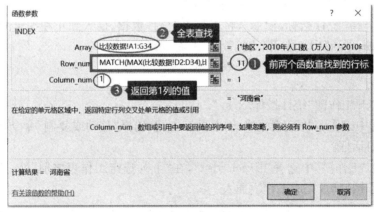

图9-8　INDEX函数

C6＝INDEX(比较数据！A2：A34，MATCH(MIN(IF((比较数据！A2：A34＝"中国人民解放军现役军人")＋(比较数据！A2：A34＝"难以确定常住地")，FALSE，比较数据！D2：D34))，比较数据！D2：D34，))

D6＝INDEX(比较数据！A2：A34，MATCH(MIN(IF((比较数据！A2：A34＝"中国人民解放军现役军人")＋(比较数据！A2：A34＝"难以确定常住地")，FALSE，比较数据！B2：B34))，比较数据！B2：B34，))，如图9-9所示。

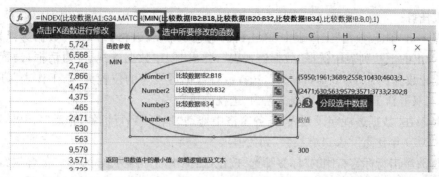

图 9 - 9　修改函数

D7＝INDEX(比较数据！A2：A34，MATCH(MAX(比较数据！F2：F34)，比较数据！F2：F34，))

D8＝INDEX(比较数据！A1：A34，MATCH(MIN(IF((比较数据！A1：A34＝"中国人民解放军现役军人")＋(比较数据！A1：A34＝"难以确定常住地"),FALSE,比较数据！F1：F34))，比较数据！F1：F34，))

D9＝COUNTIFS(比较数据！A2：A34，"＜＞中国人民解放军现役军人"，比较数据！A2：A34，"＜＞难以确定常住地"，比较数据！F2：F34，"＜0")，如图 9 - 10 所示。

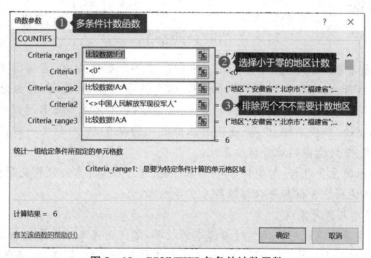

图 9 - 10　COUNTIFS 多条件计数函数

注意，以上公式在编辑栏输入，按 Enter 键进行计算。C6 和 D6 单元格涉及数组公式，编辑公式后，按 Ctrl＋Shift＋Enter 组合键结束输入。

任务 8：建立透视表分析数据

基于工作表"比较数据"创建一个数据透视表，将其单独存放在一个名为"透视分析"的工作表中。透视表中要求筛选出 2010 年人口数超过 5 000 万的地区及其人口数、2010 年所占比重、人口增长数，并按人口数从多到少排序。最后适当调整透视表中的数字格式。（提示：行标签为"地区"，数值项依次为"2010 年人口数""2010 年比重""人口增长数"。）

完成任务:

步骤 1:在"比较数据"工作表中,单击【插入】选项卡下【表格】组中的"数据透视表"下拉按钮,从弹出的下拉列表中选择"数据透视表",弹出"创建数据透视表"对话框,设置"表/区域"为"比较数据! ＄A＄1:＄G＄34",选择放置数据透视表的位置为"新工作表",单击"确定"按钮。双击新工作表的标签重命名为"透视分析"。

步骤 2:在"数据透视字段列表"任务窗格中拖动"地区"到行标签,拖动"2010 年人口数(万人)""2010 年比重""人口增长数"到数值项。

步骤 3:单击行标签右侧的"标签筛选"按钮,在弹出的下拉列表中选择"值筛选",打开级联菜单,选择"大于",弹出"值筛选(地区)"对话框,在第一个文本框中选择"求和项·2010 年人口数(万人)",第二个文本框选择"大于",在第三个文本框中输入"5 000",单击"确定"按钮。

步骤 4:选中 B4 单元格,单击【数据】选项卡下【排序和筛选】组中的"降序"按钮即可按人口数从多到少排序。

步骤 5:适当调整 B 列,使其格式为整数且使用千位分隔符。适当调整 C 列,使其格式为百分比且保留两位小数。

步骤 6:保存并关闭文档。

科技兴国 ∿∿∿∿∿∿∿∿∿∿∿∿∿∿∿∿∿∿∿∿∿∿∿∿∿∿∿

智能交通系统

智能交通系统(intelligent traffic system,ITS)又称智能运输系统(intelligent transportation system),是将先进的科学技术(信息技术、计算机技术、数据通信技术、传感器技术、电子控制技术、自动控制理论、运筹学、人工智能等)有效地综合运用于交通运输、服务控制和车辆制造,加强车辆、道路、使用者三者之间的联系,从而形成一种保障安全、提高效率、改善环境、节约能源的综合运输系统。

智能交通系统主要包括:智能停车与诱导系统、电子收费系统、智能交通监控与管理系统、智能公交系统和综合信息平台与服务系统等内容。

1. 智能停车与诱导系统

智能停车与诱导系统可提高驾驶员停车的效率,减少因停车难而导致的交通拥堵、能源消耗的问题,包括两方面内容:一是对出行市民发布相关停车场、停车位、停车路线指引的信息,引导驾驶员抵达指定的停车区域;是停车的电子化管理,实现停车位的定、识别、自动计时收费等。

2. 电子不停车收费系统

电子不停车收费系统的特点是不停车、无人操作和无现金交易,主要包括两部分内容:一部分是车辆的电子车牌系统,它是车辆的唯一识别,存储了车辆的相关信息,实时与收费站的控制设备进行通信;另一部分是后台计费系统,由管理中心与银行组成,包括收费专营公司、结算中心和客户服务中心等,后台根据收到的数据文件在公路收费专营公司和用户之间进行交易和结算。

3. 监控与管理系统

利用地磁感应与多媒体技术将各道路的车流量情况进行实时采集与整理,实时地监控各交通路段的车辆信息与数据,同时自动检测车辆的车重、轴距轴重等信息,对违规车辆通过自动拍照与录制视频的方式辅助执法。

4. 智能公交系统

智能公交系统通过对域内公交车进行统一组织和调度,提供公交车辆的定位、线路跟踪、到站预测、电子站牌信息发布、油耗管理等功能,以及公交线路的调配和服务能力,实现区域人员集中管理、车辆集中停放、计划统一编制、调度统一指挥,人力、运力资源在更大的范围内的动态优化和配置,降低公交运营成本,提高调度应变能力和乘客服务水平。

5. 综合信息平台与服务系统

综合信息平台与服务系统是智能交通系统的重要支撑,是连接其他系统的枢纽,将交通感知数据进行全面的采集、梳理、存储、处理、分析,为管理和决策提供必要的支撑依据,同时将综合处理的信息以多种渠道(大屏、网站、手机、电视等)及时发布给出行市民。

项目 10　评选计票最美村支书

10.1　学习目标

当前,全国各地区正在深入开展"不忘初心、牢记使命"主题教育活动,某国家级广播电视台以本次主题教育活动为契机,启动了 2019 年度寻找"最美村支书、最具活力基层党组织"活动,通过本次活动大力讴歌奋战在第一线的基层党组织、社区及农村党支部书记的创新与担当。经过群众、同行及管理、网络投票等批次投票,已形成初步结果。刘测行需要迅速利用 Excel 根据计票数据采集情况完成相关统计分析,由于有特殊要求,不能变动相关数据的排序,请帮他完成此项工作。

完成后的参考效果如图 10-1 所示。

候选人信息		宁夏	青海	山东	山西	陕西	上海	四川	天津	西藏	新疆	云南	浙江	总得票率	票率最高的地区
编号	姓名														
101	马志英	0.38%	2.12%		1.03%	1.78%		1.44%	4.63%	0.00%	2.03%	1.45%	1.00%	2.06%	上海
102	王直	1.25%	1.19%	2.15%	0.10%	0.48%		0.59%	3.32%	0.00%	0.49%	1.07%	0.80%	4.99%	安徽
103	王金玉	0.65%	0.40%	1.95%	0.11%	1.03%		0.56%		0.02%	1.67%	0.88%	0.88%	0.90%	上海
104	王贵武	0.38%	0.99%	1.99%	0.11%	0.90%		0.54%		0.04%	1.45%	0.91%	0.86%	1.32%	天津
105	王璎丽	1.03%	1.12%	2.33%	0.12%	0.91%	1.26%	0.55%		0.00%		0.90%	0.68%	1.60%	天津
106	王燕娜	1.03%	2.25%	2.18%	0.11%	1.23%		0.75%	4.70%	0.00%		1.20%	1.03%	1.34%	新疆
107	冯计	0.53%	2.12%	2.26%	0.09%	0.58%	1.50%	0.60%		0.02%	1.09%	1.29%	0.72%	0.83%	贵州
108	冯志国	0.75%	1.32%	2.15%	0.13%	1.49%		1.05%	2.93%	0.00%	1.07%	1.74%		2.35%	湖北
109	甘金华	0.60%	1.72%	1.97%	0.18%	0.88%	1.32%	0.58%	2.23%	0.04%		0.57%	0.86%	3.25%	湖北
110	白云	0.30%	1.46%		0.27%	1.07%	1.38%	2.71%	2.77%	0.14%	2.32%	1.94%	1.40%	5.54%	山东
111	刘乾坤	0.70%	0.93%	3.25%	0.21%	1.10%	1.84%	1.03%	1.73%	0.00%		0.78%	1.69%	7.42%	河南
112	刘焕荣	0.70%	0.93%		1.76%	0.66%	1.75%	0.85%	1.28%	0.06%	1.79%	1.30%	0.98%	3.45%	江西
113	刘惠君	0.83%	0.99%	2.15%	0.12%	0.77%	1.65%	0.48%	1.43%	0.04%	0.91%	0.48%	0.79%	0.80%	甘肃
114	朱玉林	0.48%	1.32%	2.19%	0.11%	1.21%		0.67%	1.18%	0.00%	0.79%	0.47%	0.68%	2.14%	吉林
115	朱佩芳	0.93%	1.46%	2.15%	0.14%	1.41%	1.57%	0.52%	1.40%	0.00%	0.96%		0.84%	0.84%	黑龙江
116	江秀忱	1.35%	1.12%	1.82%	0.14%	1.16%		0.57%	1.72%	0.00%	1.65%	0.67%	0.58%	1.93%	辽宁
117	齐亚珍	1.10%			0.12%	0.75%	1.18%	1.57%	1.12%	0.02%	0.97%	0.67%	0.82%	5.11%	山东
118	吴熙	0.55%	0.60%	1.63%	0.12%	1.14%		0.58%	1.66%	0.00%	0.86%	0.74%	0.66%	7.64%	福建

图 10-1　计票图

本案例涉及知识点:MATCH 函数;INDEX 函数;SUMIF 函数;套用表格格式;条件格式;RANK 函数;插入图表。

10.2　相关知识

1. INDEX 函数

INDEX 函数是返回表或区域中的值或值的引用。INDEX 函数有两种形式:数组形式和引用形式。数组形式通常返回数值或数值数组;引用形式通常返回引用。

语法:INDEX(array,row_num,[column_num])

2. SUMIF 函数

SUMIF 函数是 Excel 常用函数。使用 SUMIF 函数可以对报表范围中符合指定条件的值求和。Excel 中 SUMIF 函数的用法是根据指定条件对若干单元格、区域或引用求和。

语法:SUMIF(range,criteria,sum_range)

SUMIF 函数的参数如下：

range 为条件区域，用于条件判断的单元格区域。

criteria 是求和条件，由数字、逻辑表达式等组成的判定条件。

sum_range 为实际求和区域，需要求和的单元格、区域或引用。

10.3　项目实施

【微信扫码】
项目微课

本项目实施的基本流程如下：

任务 1：创建操作工作簿

在项目文件夹下，将"Excel 素材.xlsx"文件另存为"计票统计 20200320.xlsx"（".xlsx"为扩展名，20200320 表明修改日期），后续操作均基于此文件。

完成任务：

步骤：在项目文件夹下打开"Excel 素材.xlsx"，单击[文件]选项卡，选择"另存为"。在弹出的对话框里输入文件名"计票统计 20200320.xlsx"，单击"保存"按钮。

任务 2：完成统计数据

利用"省市代码""各省市选票数"和"各省市抽样数"工作表中的数据信息，在"各省市选票抽样率"工作表中完成统计工作，其中：

① 不要改变"地区"列的数据顺序；

② 各省市的选票数为各对应在"各省市选票数"工作表中的 4 批选票之和；

③ 各省市的抽样数为各对应在"各省市抽样数"工作表 3 个阶段分配样本数之和；

④ 各省市的抽样率为各对应抽样数与选票数之比，数字格式设置为百分比样式，并保留 2 位小数。

完成任务：

步骤 1：选中"各省市选票抽样率"工作表的 B2 单元格，在编辑栏中输入公式"=SUM（各省市选票数! B2:E2）"，按 Enter 键确认操作，然后利用自动填充功能对其他单元格进行填充。

步骤 2：选中 C2 单元格，在编辑栏中输入公式"=Sum（各省市抽样数! B2:D2）"，按 Enter 键确认操作，然后利用自动填充功能对其他单元格进行填充。可以使用跨表引用求和数据是因为顺序相同，如果不同就要和后面一样利用 MATCH 查找列标，再用 INDEX 查找对应的值,如图 10-2 所示,并且再求和。具体公式为:＝SUMPRODUCT((各省市选票数! ＄A＄2:＄A＄32＝INDEX(省市代码! ＄A＄2:＄A＄32,MATCH(A2,省市代码! ＄B＄2:＄B＄32,),))＊各省市选票数! ＄B＄2:＄E＄32)。

图 10-2　INDEX 修订

步骤 3:选中 D2 单元格,在编辑栏中输入公式"＝C2/B2",按 Enter 键确认操作。

步骤 4:选中 D2 单元格,在【开始】选项卡的【数字】组中,单击右下角扩展按钮,在弹出的"设置单元格格式"对话框中,设置数字格式为"百分比",小数位数为"2",单击"确定"按钮,然后利用自动填充功能对其他单元格进行填充。

任务 3:标识特殊数据

为"各省市选票抽样率"工作表的数据区域设置一个美观的表样式,并以三种不同的字体颜色和单元格底纹在"抽样率"列分别标记出最高值、最低值和高于平均抽样率值的单元格。

完成任务:

步骤 1:选中 D2 单元格,在【开始】选项卡的【样式】组中,单击"套用表格格式"下拉按钮,选择任意一种样式,在弹出的对话框中,勾选"表包含标题",单击"确定"按钮。

步骤 2:选中 D2:D32 区域,在【开始】选项卡的【样式】组中,单击"条件格式"下拉按钮,在"项目选取规则"中,选择"高于平均值",在弹出的对话框中,设置一种字体和底纹,单击"确定"按钮,如图 10-3 所示。

步骤 3:选中 D2:D32 区域,在【开始】选项卡的【样式】组中,单击"条件格式"下

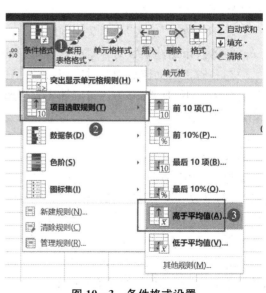

图 10-3　条件格式设置

拉按钮,在"项目选取规则"中,选择"值最大的 10 项",在弹出的对话框中,10 修改为 1,设置另外一种字体和底纹,单击"确定"按钮。

步骤 4:选中 D2:D32 区域,在【开始】选项卡的【样式】组中,单击"条件格式"下拉按钮,在"项目选取规则"中,选择"值最小的 10 项",在弹出的对话框中,10 修改为 1,设置与以上两种不同的字体和底纹,单击"确定"按钮。

任务 4:完成计票

利用"省市代码""候选人编号""第一阶段结果""第二阶段结果"和"第三阶段结果"工作表中的数据信息,在"候选人得票情况"工作表中完成计票工作,其中:

① 不要改变该工作表中各行、列的数据顺序;

② 通过公式填写候选人编码所对应的候选人姓名;

③ 计算各候选人在每个省市的得票情况及总票数;

④ 在数据区域最右侧增加名为"排名"的列,利用公式计算各候选人的总票数排名;

⑤ 锁定工作表的前两行和前两列,确保在浏览过程中始终保持表头和候选人信息可见。

完成任务:

步骤 1:选中"候选人得票情况"工作表的 B3 单元格,在编辑栏中输入公式"=VLOOKUP(A3,候选人编号!＄A＄2:＄B＄65,2,0)",按 Enter 键确认操作,然后利用自动填充功能对其他单元格进行填充,如图 10-4 所示。

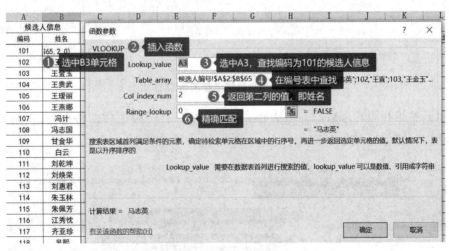

图 10-4　VLOOKUP 函数

步骤 2:选中 C3 单元格,在编辑栏中插入函数 MATCH,找到行标 13,如图 10-5 所示。

步骤 3:修改公式,前面加上 INDEX 函数,并修改公式打开对话框,设置查找安徽的代码"34",如图 10-6 所示。

注意:修改函数时一定要将鼠标点击选中想要修改的函数单词中,然后点击 f_x 可以打开对话框,进行参数设置。

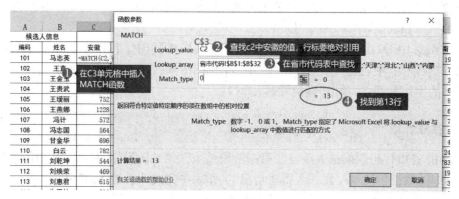

图 10‐5 查找行标

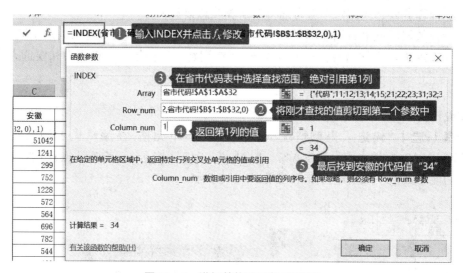

图 10‐6 增加并修改函数 INDEX

步骤4:根据代码查找第一阶段结果表中的满足"34"代码下所有数值和,利用 SUMIF 函数,如图 10‐7 所示。

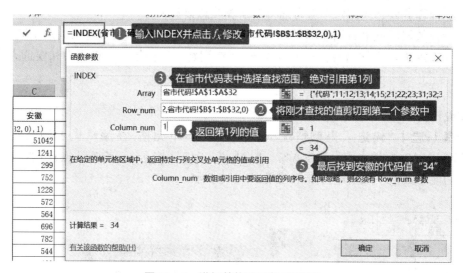

图 10‐7 SUMIF 函数

步骤 5：相同方法将第二阶段和第三阶段结果加到此单元格中，然后利用自动填充功能向下，向右对其他单元格进行填充。

综合上列 5 步可以一步输入：选中 C3 单元格，在编辑栏中输入公式"＝SUMIF(第一阶段结果! ＄B＄1:＄AF＄1,INDEX(省市代码! ＄A＄2:＄A＄32,MATCH(C＄2,省市代码! ＄B＄2:＄B＄32,),),第一阶段结果! ＄B2:＄AF2)＋SUMIF(第二阶段结果! ＄B＄1:＄AF＄1,INDEX(省市代码! ＄A＄2:＄A＄32,MATCH(C＄2,省市代码! ＄B＄2:＄B＄32,),),第二阶段结果! ＄B2:＄AF2)＋SUMIF(第三阶段结果! ＄B＄1:＄AF＄1,INDEX(省市代码! ＄A＄2:＄A＄32,MATCH(C＄2,省市代码! ＄B＄2:＄B＄32,),),第三阶段结果! ＄B2:＄AF2)"，按 Enter 键确认操作，然后利用自动填充功能向下，向右对其他单元格进行填充(这是多表的条件求和，拆分开来，也可以用三个 SUMIF 相加。理解一种即可)；公式 2＝SUM(N(OFFSET(INDIRECT("第"&{"一""二""三"}&"阶段结果! A1"),MATCH(＄A3,第一阶段结果! ＄A:＄A,)－1,MIATCH(INDEX(省市代码! ＄A＄2:＄A＄32,MATCH(C＄2,省市代码! ＄B＄2:＄B＄32,),),第一阶段结果! ＄1:＄1,)－1))；公式 3＝SUM(N(INDIRECT("第"&{"一""二""三"}8"阶段结果!"&ADDRESS(＄A3－99,MATCH(INDEX(省市代码! ＄A＄2:＄A＄32,MATCH(C＄2,省市代码! ＄B＄2:＄B＄32,),),第一阶段结果! ＄1:1,))。

步骤 6：选中 AH3 单元格，在编辑栏中输入公式"＝SUM(B3:AG3)"，按 Enter 键确认操作，然后利用自动填充功能对其他单元格进行填充。

步骤 7：选中 AI2 单元格，输入"排名"，选中 AI1:AI2 单元格，在【开始】选项卡的【对齐方式】组中，单击"合并后居中"按钮。

步骤 8：选中 AI3 单元格，在编辑栏中输入公式"＝RANK(AH3，＄AH＄3:＄AH＄66,)"，按 Enter 键确认操作，然后利用自动填充功能对其他单元格进行填充，如图 10-8 所示。

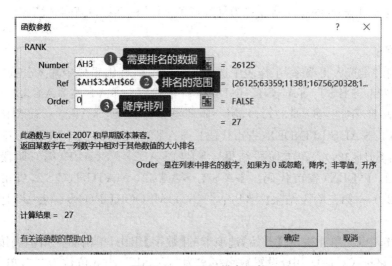

图 10-8　RANK 排名函数

步骤 9：选中 C3 单元格，在【视图】选项卡的【窗口】组中，单击"冻结窗格"下拉按钮，选择"冻结拆分窗格"。

任务5：另存为分析表

将"候选人得票情况"工作表复制为当前工作簿的一个新工作表，新工作表名称为"候选人得票率"。在新工作表中，将表头文字"候选人在各地区的得票情况"更改为"候选人在各地区的得票率"。

完成任务：

步骤1： 选中"候选人得票情况"工作表标签，右击鼠标，选择"移动或复制"，在弹出的对话框中，选择"（移至最后）"，并勾选"建立副本"，单击"确定"按钮。

步骤2： 双击"候选人得票情况(2)"工作表标签，修改为"候选人得票率"。

步骤3： 选中C1单元格，修改内容为"候选人在各地区的得票率"。

任务6：计算统计数据

利用"候选人得票情况""各省市选票抽样率"工作表中的数据信息，在"候选人得票率"工作表中完成统计工作，其中：

① 利用公式计算各候选人在不同地区的得票率（得票率指该候选人在该地区的得票数与该地区选票抽样数的比值），数字格式设置为百分比样式，并保留2位小数；

② 将"总票数"列标题修改为"总得票率"，并完成该列数据的计算（总得票率指该候选人的总得票数与所有地区选票抽样总数的比值），数字格式设置为百分比样式，并保留2位小数；

③ 将"排名"列标题修改为"得票率最高的地区"，并根据之前的计算结果将得票率最高的地区统计至相对应单元格；

④ 在统计完成的得票率数据区域内，利用条件格式突出显示每个候选人得票率最高的两个地区，并将这些单元格设置为标准黄色字体、标准红色背景色填充。

完成任务：

步骤1： 在"候选人得票率"工作表中选中C3单元格，在编辑栏中输入公式"=（SUMIF（第一阶段结果！\$B\$1：\$AF\$1，INDEX（省市代码！\$A\$2：\$A\$32，MATCH（C\$2，省市代码I\$B\$2：\$B\$32,),),),第一阶段结果！\$B2：\$AF2）+SUMIF（第二阶段结果！\$B\$1：\$AF\$1，INDEX（省市代码！\$A\$2：\$A\$32，MATCH（C\$2，省市代码！\$B\$2：\$B\$32,),)第二阶段结果！\$B2：\$AF2）+SUMIF（第三阶段结果！\$B\$1：\$AF\$1，INDEX（省市代码！\$A\$2：\$A\$32，MATCH（C\$2，省市代码！\$B\$2：\$B\$32,),),第三阶段结果！\$B2：\$AF2））MLOOKUP（C\$2，表1[[地区]：[抽样数]],3,0)"。

步骤2： 选中C3单元格，在【开始】选项卡的【数字】组中，单击右下角扩展按钮，在弹出的"设置单元格格式对话框"中，设置数字格式为"百分比"，小数位数为"2"，单击"确定"按钮，然后利用自动填充功能向右，向下对单元格进行填充。

步骤3： 选中AH1单元格，修改为"总得票率"。

步骤4： 选中AH3单元格，在编辑栏中输入公式"=（SUM（第一阶段结果！\$B2：

$AF2)+SUM(第二阶段结果！$B2：$AF 2)＋SUM(第三阶段结果！$B2：$AF2))/SUM(表1[抽样数]))"。

步骤5：选中 AH3 单元格，在【开始】选项卡的【数字】组中，单击右下角扩展按钮，在弹出的"设置单元格格式"对话框中，设置数字格式为"百分比"，小数位数为"2"，单击"确定"按钮，然后利用自动填充功能对其他单元格进行填充。

步骤6：选中 AI1 单元格，修改内容为"得票率最高的地区"。

步骤7：选中 AI3 单元格，在编辑栏中输入公式"＝INDEX（$C$2：$AG$2,,MATCH(MAX(C3:AG3)，C3:AG3,))"，按 Enter 键确认操作，然后利用自动填充功能对其他单元格进行填充。

步骤8：选中 C3:AH66 单元格，在【开始】选项卡的【样式】组中，单击"条件格式"下拉按钮，选择"新建规则"，在弹出的对话框中，选择"使用公式确定要设置格式的单元格"，输入"＝RANK(C3，$C$3：$AG3，0)＜3"，单击"格式"按钮，【字体】选项卡下，颜色选择"黄色"，【填充】选项卡下，背景色选择"红色"，单击"确定"按钮，再次单击"确定"按钮。

任务7：生成分析图表

在"候选人得票率"工作表的所有数据区域下方，根据候选人"姓名"和"总得票率"生成一个簇状柱形图图表，用以显示各候选人的总得票率统计分析。其中，图表数据系列名称为"总得票率"，数据标签仅包含值，并显示在柱状上方。

完成任务：

步骤1：单击表格下方的空白处，在【插入】选项卡的【图表】组中，单击"柱形图"下拉按钮，选择"簇状柱形图"。

步骤2：右击插入的空白图表区域，单击"选择数据"，在弹出的对话框中，图例项（系列）中单击"添加"按钮，系列名称选择"＝候选人得票率！$AH$1"，系列值选择"＝候选人得票率！$AH$3:$AH$66"，单击"确定"按钮。

步骤3：在"水平（分类）轴标签"中，单击"编辑"按钮，选择区域"＝候选人得票率！$B$3:$B$66"，单击"确定"按钮，再次单击"确定"按钮。

步骤4：在【图表工具】|【布局】选项卡的【标签】组中，单击"数据标签"下拉按钮，选择"数据标签外"。

步骤5：手动调整图表大小和位置。

步骤6：保存并关闭文件。

科技兴国

智能农业

智慧农业就是充分应用现代信息技术成果，集成应用计算机与网络技术、物联网技术、音视频技术、3S 技术、无线通信技术及专家智慧与知识，实现农业可视化远程诊断、远程控制、灾变预警等智能管理。主要有监控功能系统、监测功能系统、实时图像与视频监控功能。

1. 监控功能系统

根据无线网络获取植物生长环境信息,如监测土壤水分、土壤温度、空气温度、空气湿度、光照强度、植物养分含量等参数。其他参数也可以选配,如土壤中的 pH 酸碱度、电导率等等。监控功能系统负责接收无线传感汇聚节点发来的数据、存储、显示和数据管理,实现所有基地测试点信息的获取、管理、动态显示和分析处理以直观的图表和曲线的方式显示给用户。系统根据以上各类信息的反馈对农业园区进行自动灌溉、自动降温、自动卷模、自动进行液体肥料施肥、自动喷药等自动控制。

2. 监测功能系统

在农业园区内实现自动信息检测与控制,通过配备无线传感节点,太阳能供电系统、信息采集和信息路由设备配备无线传感传输系统。每个基点配置无线传感节点,每个无线传感节点可监测土壤水分、土壤温度、空气温度、空气湿度、光照强度、植物养分含量等参数。根据种植作物的需求提供各种声光报警信息和短信报警信息。

3. 实时图像与视频监控功能

农业物联网的基本概念是实现农业上作物与环境、土壤及肥力间的物物相联的关系网络,通过多维信息与多层次处理实现农作物的最佳生长环境调理及施肥管理。但是作为管理农业生产的人员而言,仅仅数值化的物物相联并不能完全营造作物最佳生长条件。视频与图像监控为物与物之间的关联提供了更直观的表达方式。智慧农业对比传统农业生产,蔬菜无须栽种于土壤,甚至无须自然光,产量却可达常规种植的 3～5 倍;灌溉和施肥无须人工劳作,而由水肥一体化灌溉系统精准完成,比大田漫灌节水 70％～80％;种植空间不只限于平面,还可垂直立体,土地节约高达 80％;打农药有无人机,大棚采摘有机器人,耕地、收割、晒谷、大米加工全程机械化。

项目11　统计分析销售数据

11.1　学习目标

新华书局市场拓展助理钱小忆接到总部布置的市场调研任务,要求分析两年的图书产品销售情况,统计成分析资料供项目部参考,对当年市场部部分年度任务进行考核,请帮他完成以下统计工作。

完成后的参考效果如图11-1所示。

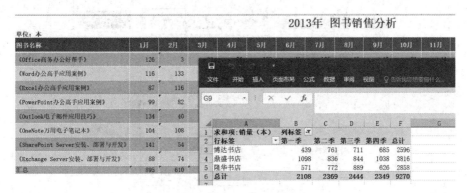

图11-1　图书销售分析

本案例涉及知识点:排序;VLOOKUP 函数;SUMIFS 函数;迷你图;数据透视表。

11.2　相关知识

1. 表格排序

(1)单列按数值大小排序:要对哪一列的数值排序,先选中这一列中的任意一单元格,点击【开始】选项卡中的“升序”或“降序”按钮即可。

(2)多列按数值大小排序:比如要把同一科目名称的数据排列在一起,并且是按金额从大到小排列,就先选中金额列中任意一单元格,点击【开始】选项卡中的“降序”按钮,再选中科目名称列中任意一单元格,点击【开始】选项卡中的“升序”或“降序”按钮。或者使用自定义排序,选择科目为主要关键字,金额为次要关键字,并设置次序即可。

(3)按填充颜色或字体颜色排序:选中带填充颜色的单元格,点击鼠标右键,在弹出的菜单中选择“排序”→“按所选单元格颜色放在最前端”,即可按填充色排序;选中字体带颜色的单元格,点击鼠标右键,在弹出的菜单中选择“排序”→“按所选字体颜色放在最前端”即可实现,也可以在自定义排序中设置。

(4)按行排序:选中排序单元格区域,点击【开始】选项卡中的“排序和筛选”按钮,选择“自定义排序”;在弹出的窗口中点击“选项”按钮,排序选项中方向选择“按行排序”,点击“确定"按钮返回;排序窗口中主要关键字选择"行2",其他默认,点击"确定"按钮,完成操作,如图11-2所示。

（5）自定义排序:点击"自定义排序"命令,在弹出的"排序"窗口中选择主要关键字,次序中选择"自定义序列",在"输入序列"框中输入自定义字段,用英文的逗号分隔,点击"添加"按钮,点击"确定"按钮返回工作区。

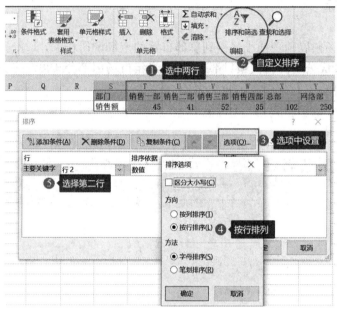

图11-2　按行排列

2. SUMIFS函数

SUMIFS函数是一个数学与三角函数,用于计算其满足多个条件的全部参数的总量。

语法:SUMIFS(求和区域,条件区域1,条件1,条件区域2,条件2,条件区域N,条件N);第一参数为求和区域,后面的条件区域和条件一一对应。

11.3　项目实施

【微信扫码】
项目微课

本项目实施的基本流程如下:

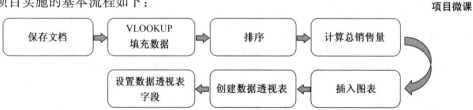

任务1:保存文档

将项目文件夹下"年度数据.xlsx"文件另存为"统计分析.xlsx"(".xlsx"为扩展名),后续操作均基于此文件。

完成任务：

步骤： 打开项目文件夹下的"年度数据.xlsx"，单击【文件】选项卡，选择"另存为"。在弹出的对话框里输入文件名"统计分析.xlsx"，单击保存按钮。

任务 2：VLOOKUP 填充数据

在"销售订单"工作表的"图书编号"列中，使用 VLOOKUP 函数填充所对应"图书名称"的"图书编号""图书名称"和"图书编号"的对照关系请参考"图书编目表"工作表。

完成任务：

步骤： 选中"销售订单"工作表的 E3 单元格，在编辑栏中输入公式"=VLOOKUP(D3，图书编目表!＄A＄2:＄B＄9,2,FALSE)"，按 Enter 键完成图书名称的自动填充，如图 11-3 所示。

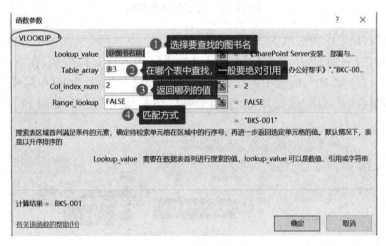

图 11-3　跨表查找

任务 3：排序

将"销售订单"工作表的"订单编号"列按照数值升序方式排序，并将所有重复的订单编号数值标记为紫色(标准色)字体，然后将其排列在销售订单列表区域的顶端。

完成任务：

步骤 1： 选中 A3:A678 列单元格，单击【开始】选项卡下【编辑】组中的"排序和筛选"下拉按钮，在下拉列表中选择"自定义"排序，在打开的对话框中将"列"中的"主要关键字"设置为"订单编号""排序依据"设置为数值，"次序"设置为升序，单击"确定"按钮。

步骤 2： 选中 A3:A678 列单元格，单击【开始】选项卡下【样式】组中的"条件格式"下拉按钮，选择"突出显示单元格规则"级联菜单中的"重复值"命令，弹出"重复值"对话框，如图 11-4 所示。

步骤 3： 单击"设置为"右侧的下拉按钮，在下拉列表中选择"自定义格式"即可弹出"设置单元格格式"对话框，单击"颜色"下拉按钮选择标准色中的"紫色"，单击"确定"按钮。返

图 11-4　突出显示重复值

回到"重复值"对话框中再次单击"确定"按钮。

步骤 4：单击【开始】选项卡下【编辑】组中的排序和筛选下拉按钮，在下拉列表中选择"自定义排序"，在打开的对话框中将"列"中的"主要关键字"设置为"订单编号"，"排序依据"设置为"字体颜色"，"次序"设置为"紫色，在顶端"，单击"确定"按钮，如图 11-5 所示。

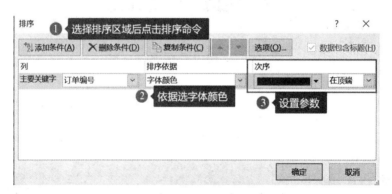

图 11-5　字体颜色排序

任务 4：计算总销售量

在"2013 年图书销售分析"工作表中，统计 2013 年各类图书在每月的销售量，并将统计结果填充在所对应的单元格中。为该表添加汇总行，在汇总行单元格中分别计算每月图书的总销量。

完成任务：

步骤 1：根据任务要求切换至"2013 年图书销售分析"工作表中（以下公式均在编辑栏中输入，按 Enter 键进行计算）：

"1 月"列公式（以 B4 单元格为例）：＝SUMIFS(销售订单！＄G＄3：＄G＄678,销售订单！＄B＄3：＄B＄678,"＞＝"&DATE(2013,1,1),销售订单！＄B＄3：＄B＄678,"＜＝"

&DATE(2013,1,31),销售订单！＄D＄3：＄D＄678,A4),如图 11－6 所示。

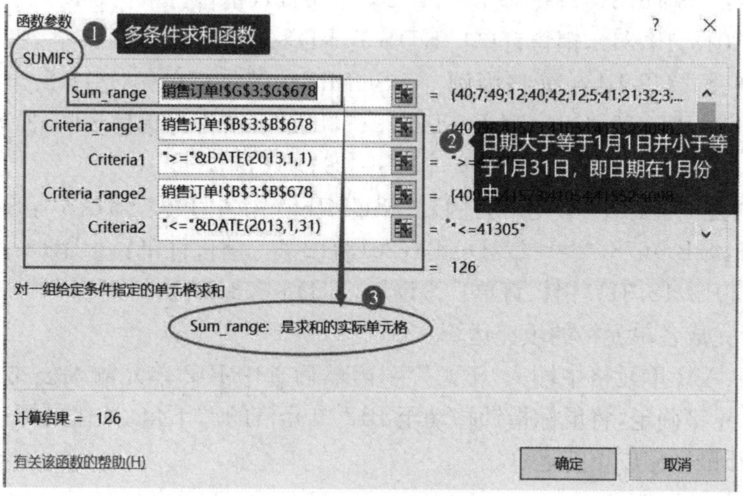

图 11－6 多条件求和函数

"2 月"列公式(以 C4 单元格为例)：＝SUMIFS(销售订单！＄G＄3：＄G＄678,销售订单！＄B＄3：＄B＄678,">="&DATE(2013,2,1),销售订单！＄B＄3：＄B＄678,"<="&DATE(2013,2,28),销售订单！＄D＄3：＄D＄678,A4)。

"3 月"列公式(以 D4 单元格为例)：＝SUMIFS(销售订单！＄G＄3：＄G＄678,销售订单！＄B＄3：＄B＄678,">="&DATE(2013,3,1),销售订单！＄B＄3：＄B＄678,"<="&DATE(2013,3,31),销售订单！＄D＄3：＄D＄678,A4)。

"4 月"列公式(以 E4 单元格为例)：＝SUMIFS(销售订单！＄G＄3：＄G＄678,销售订单！＄B＄3：＄B＄678,">="&DATE(2013,4,1),销售订单！＄B＄3：＄B＄678,"<="&DATE(2013,4,30),销售订单！＄D＄3：＄D＄678,A4)。

"5 月"列公式(以 F4 单元格为例)：＝SUMIFS(销售订单！＄G＄3：＄G＄678,销售订单！＄B＄3：＄B＄678,">="&DATE(2013,5,1),销售订单！＄B＄3：＄B＄678,"<="&DATE(2013,5,31),销售订单！＄D＄3：＄D＄678,A4)。

"6 月"列公式(以 G4 单元格为例)：＝SUMIFS(销售订单！＄G＄3：＄G＄678,销售订单！＄B＄3：＄B＄678,">="&DATE(2013,6,1),销售订单！＄B＄3：＄B＄678,"<="&DATE(2013,6,30),销售订单！＄D＄3：＄D＄678,A4)。

"7 月"列公式(以 H4 单元格为例)：＝SUMIFS(销售订单！＄G＄3：＄G＄678,销售订单！＄B＄3：＄B＄678,">="&DATE(2013,7,1),销售订单！＄B＄3：＄B＄678,"<="&DATE(2013,7,31),销售订单！＄D＄3：＄D＄678,A4)。

"8 月"列公式(以 I4 单元格为例)：＝SUMIFS(销售订单！＄G＄3：＄G＄678,销售订单！＄B＄3：＄B＄678,">="&DATE(2013,8,1),销售订单！＄B＄3：＄B＄678,"<="&DATE(2013,8,31),销售订单！＄D＄3：＄D＄678,A4)。

"9 月"列公式(以 J4 单元格为例)：＝SUMIFS(销售订单！＄G＄3：＄G＄678,销售订单！＄B＄3：＄B＄678,">="&DATE(2013,9,1),销售订单！＄B＄3：＄B＄678,"<="&DATE(2013,9,30),销售订单！＄D＄3：＄D＄678,A4)。

"10 月"列公式(以 K4 单元格为例)：=SUMIFS(销售订单！＄G＄3：＄G＄678,销售订单！＄B＄3：＄B＄678,">="&DATE(2013,10,1),销售订单！＄B＄3：＄B＄678,"<=">="&DATE(2013,10,31),销售订单！＄D＄3：＄D＄678,A4)。

"11 月"列公式(以 L4 单元格为例)：=SUMIFS(销售订单！＄G＄3：＄G＄678,销售订单！＄B＄3：＄B＄678,">="&DATE(2013,11,1),销售订单！＄B＄3：＄B＄678,"<=">="&DATE(2013,11,30),销售订单！＄D＄3：＄D＄678,A4)。

"12 月"列公式(以 M4 单元格为例)：=SUMIFS(销售订单！＄G＄3：＄G＄678,销售订单！＄B＄3：＄B＄678,">="&DATE(2013,12,1),销售订单！＄B＄3：＄B＄678,"<=">="&DATE(2013,12,31),销售订单！＄D＄3：＄D＄678,A4)。

拖动鼠标完成各单元格的填充运算。

步骤 2: 在 A12 单元格中输入"汇总"字样,然后选中 B12 单元输入公式"=SUM(B4：B11)",按 Enter 键确定,将鼠标指针移动至 B12 单元格的右下角,按住鼠标并拖动至 M12 单元格中,松开鼠标完成填充运算。

任务 5:插入图表

在"2013 年图书销售分析"工作表中的 N4:N11 单元格中,插入用于统计销售趋势的迷你折线图,各单元格中迷你图的数据范围为所对应图书的 1～12 月销售数据,并为各迷你折线图标记销量的最高点和最低点。

完成任务:

步骤 1: 根据题意要求选择"2013 年图书销售分析"工作表中的 N4 单元格,单击【插入】选项卡下【迷你图】组中的"折线图"按钮,在打开的对话框中"数据范围"输入为"B4:M4",在"位置范围"文本框中输入＄N＄4,单击"确定"按钮,如图 11-7 所示。

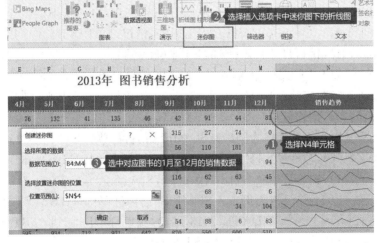

图 11-7 迷你折线图

步骤 2: 确定选中"迷你图工具",勾选【设计】选项卡下【显示】组中的"高点""低点"复选框。

步骤 3:将鼠标指针移动至 N4 单元格的右下角,按住鼠标并拖动拖至 N11 单元格中,松开鼠标完成填充。

任务 6:创建数据透视表

根据"销售订单"工作表的销售列表创建数据透视表,并将创建完成的数据透视表放置在新工作表中,以 A1 单元格为数据透视表的起点位置。将工作表重命名为"2012 年书店销量"。

完成任务:

步骤 1:根据题意要求切换至销售订单工作表中,单击【插入】选项卡下【表格】组中的"数据透视表"下拉按钮,在弹出的下拉列表中选择"数据透视表",在弹出的"创建数据透视表"对话框中将"表/区域"设置为表 1,选择"新工作表",单击"确定"按钮。

步骤 2:单击【选项】选项卡下【操作】组中的"移动数据透视表"按钮,在打开的"移动数据透视表"对话框中选中"现有工作表",将"位置"设置为"Sheet1! A1",单击"确定"按钮。

步骤 3:在工作表名称上单击鼠标右键,在弹出的快捷菜单中选择"重命名"命令,将工作表重命名为"2012 年书店销量"。

任务 7:设置数据透视表字段

在"2012 年书店销量"工作表的数据透视表中,设置"日期"字段为列标签,"书店名称"字段为行标签,"销量(本)"字段为求和汇总项。并在数据透视表中显示 2012 年期间各书店每季度的销量情况。

完成任务:

步骤 1:根据题意要求,在"2012 年书店销量"工作表的"数据透视表字段列表"窗格中将"日期"字段拖动至"列标签",将"书店名称"拖动至"行标签",将"销量(本)"拖动至"数值"中。

步骤 2:在数据透视表中,选中列标签中的任意一个日期,然后切换到"数据透视表工具"的"分析"选项卡中,单击"分组"选项组中的"将字段分组"按钮。

步骤 3:在打开的"分组"对话框的"步长"区域,鼠标单击,取消默认选择的"年",选中"季度"。

步骤 4:单击"确定"按钮。

步骤 5:单击 B1 单元格下拉按钮,选择"日期筛选"下的"介于",介于日期"2012/1/1"与"2012/12/31",单击"确定"按钮。

步骤 6:保存并关闭文件。

提示:为了统计方便,请勿对完成的数据透视表进行额外的排序操作。

科技兴国

智能家居

智能家居(smart home 或 home automation)是以住宅为平台,利用综合布线技术、网络通信技术、安全防范技术、自动控制技术、音视频技术将家居生活有关的设施集成,构建高效的住宅设施与家庭日程事务的管理系统,提升家居安全性、便利性、舒适性、艺术性,并实现环保节能的居住环境。

家庭自动化系指利用微处理电子技术,来集成或控制家中的电子电器产品或系统,例如:照明灯、咖啡炉、电脑设备、保安系统、暖气及冷气系统、视讯及音响系统等。家庭自动化系统主要是以一个中央微处理机接收来自相关电子电器产品(外界环境因素的变化,如太阳东升或西落等所造成的光线变化等)的讯息后,再以既定的程序发送适当的信息给其他电子电器产品。中央微处理机必须透过许多界面来控制家中的电器产品,这些界面可以是键盘,也可以是触摸式荧幕、按钮、电脑、电话机、遥控器等;消费者可发送信号至中央微处理机,或接收来自中央微处理机的讯号。

家庭自动化是智能家居的一个重要系统,在智能家居刚出现时,家庭自动化甚至就等同于智能家居,它仍是智能家居的核心之一,但随着网络技术有智能家居的普遍应用,网络家电/信息家电的成熟,家庭自动化的许多产品功能将融入这些新产品中去,从而使单纯的家庭自动化产品在系统设计中越来越少,其核心地位也将被家庭网络/家庭信息系统所代替。它将作为家庭网络中的控制网络部分在智能家居中发挥作用。

项目 12　批量分析经济订货数据

12.1　学习目标

　　李晓玲就职于集团采购部门，她发现部门经理对货品订购时十分随意，只根据已有经验进行常规订货，销量和仓储已多次提意见。李晓玲决定使用 Excel 来分析采购成本并进行辅助决策，请帮助她运用已有的数据完成这项工作。

　　完成后的参考效果如图 12-1 所示。

年需求量(单位：个)	15000
单次订货成本(单位：元)	500
单位年储存成本(单位：元)	30
经济订货批量(单位：个)	707

707	10000	11000	12000	13000	14000	15000	16000	17000	18000	19000	20000
21	690	724	756	787	816	845	873	900	926	951	976
22	674	707	739	769	798	826	853	879	905	929	953
23	659	692	722	752	780	808	834	860	885	909	933
24	645	677	707	736	764	791	816	842	866	890	913
25	632	663	693	721	748	775	800	825	849	872	894
26	620	650	679	707	734	760	784	809	832	855	877
27	609	638	667	694	720	745	770	793	816	839	861
28	598	627	655	681	707	732	756	779	802	824	845
29	587	616	643	670	695	719	743	766	788	809	830
30	577	606	632	658	683	707	730	753	775	796	816
31	568	596	622	648	672	696	718	741	762	783	803
32	559	586	612	637	661	685	707	729	750	771	791
33	550	577	603	628	651	674	696	718	739	759	778

图 12-1　订货分析图

　　本案例涉及知识点：图表设置；SQRT 函数；模拟运算；模拟分析；条件格式；打印设置。

12.2　相关知识

　　1. 使用 Excel 打印的用法及注意事项

　　(1) 设置打印区域：如果工作表中有很多数据，但是我们只想打印选定区域。这时候应该先选中打印区域，然后点击工具栏的"页面布局"，在其中点击"打印区域"，接下来点击"设置打印区域"即可。此时可以看到在选定的数据区域四周出现虚线。如果想取消打印区域，直接选择"取消打印区域"即可。

　　(2) 切换默认单位：Excel 中的行高和列宽默认单位为磅。如果想要设置成 cm 单位，只需点击工作表右下角的"页面布局"按钮，然后再设置行高列宽，此时单位就是以 cm 显示的。

　　(3) 设置打印标题：如果表格有多页需要打印，在页面布局中设置"打印标题"，添加"打印行"就可以实现每一页都有相同的标题行。

　　(4) 快速调整打印比例：可以对打印区域的数据进行缩放，更改打印效果更加适合纸张大小,更加美观,如图 12 - 2 所示。

图 12 - 2　打印设置

(5) 显示边距:在打印预览界面我们可以点击右下角的"显示边距",从而在预览界面就可以调整列宽和页边距。

(6) 行、列缩放到一页:打印预览时,会出现有一小部分区域、行、列单独在另外一页,此时在打印预览界面设置缩放即可以将所有表格缩放至一页。

2. 常用字符串函数

(1) 提取函数

LEFT(要提取的文本,提取长度)——从最左边提取字符串

RIGHT(要提取的文本,提取长度)——从右边提取字符串

(2) 查找函数

FIND(要查找的字符,包含这个查找字符的文本,起始位置)

SEARCH(要查找的字符,包含这个查找字符的文本,起始位置)——起始位置默认为0;SEARCH 函数可以使用通配符

(3) 截取函数

MID(文本,起始位置,提取字符长度)。

(4) 替换函数

REPLACE(文本,起始位置,字符长度,新文本)——对位置长度的替换

SUBSTITUTE(文本,旧文本,新文本)——对内容的替换

12.3　项目实施

【微信扫码】
项目微课

本项目实施的基本流程如下:

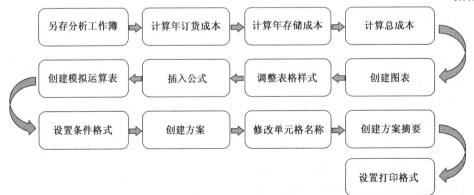

任务 1:另存分析工作簿

打开项目文件夹,将"分析样稿.xlsx"文件另存为"分析终稿.xlsx"(".xlsx"为扩展名),后续操作均基于此文件。

完成任务:

步骤:在项目文件夹下打开"分析样稿.xlsx",单击【文件】选项卡,选择"另存为"。在弹出的对话框里输入文件名"分析终稿.xlsx",单击"保存"按钮。

任务 2:计算年订货成本

在"成本分析"工作表的单元格区域 F3:F15,使用公式计算不同订货量下的年订货成本,公式为"年订货成本=(年需求量/订货量)×单次订货成本",计算结果应用货币格式并保留整数。

完成任务:

步骤:切换到"成本分析"工作表,选中 F3 单元格,在编辑栏输入公式"=＄C＄2/E3＊＄C＄3",单击左侧"输入"按钮,在"开始"选项卡中,单击"数字"扩展按钮,在"数字"选项卡的分类中选择"货币",小数位数为"0",单击"确定"按钮,然后利用自动填充功能对其他单元格进行填充。

任务 3:计算年存储成本

在"成本分析"工作表的单元格区域 G3:G15,使用公式计算不同订货量下的年存储成本,公式为"年存储成本=单位年存储成本×订货量×0.5",计算结果应用货币格式并保留整数。

完成任务:

步骤:选中 G3 单元格,在编辑栏输入公式"=＄C＄4＊E3＊0.5",单击左侧"输入"按钮,在"开始"选项卡中,单击"数字"扩展按钮,在"数字"选项卡的分类中选择"货币",小数位数为"0",单击"确定"按钮,然后利用自动填充功能对其他单元格进行填充。

任务 4:计算总成本

在"成本分析"工作表的单元格区域 H3:H15,使用公式计算不同订货量下的年总成本,公式为"年总成本=年订货成本+年储存成本",计算结果应用货币格式并保留整数。

完成任务:

步骤:选中 H3 单元格,在编辑栏输入公式"=F3+G3",单击左侧"输入"按钮(在这已经自动设置为货币格式),然后利用自动填充功能对其他单元格进行填充。

任务 5：创建图表

为"成本分析"工作表的单元格区域 E2：H15 套用一种表格格式，并将表名称修改为"成本分析"；根据表"成本分析"中的数据，在单元格区域 J2：Q18 中创建图表，图表类型为"带平滑线的散点图"，并根据"图表参考效果.png"中的效果设置图表的标题内容、图例位置、网格线样式、垂直轴和水平轴的最大最小值及刻度单位和刻度线。

完成任务：

步骤 1：选中 E2：H15 单元格，单击【开始】选项卡下【样式】组中"套用表格格式"下拉按钮，选择任意一种表格样式（这里选择表格样式为"浅色 10"），在弹出的"套用表格式"对话框中，直接单击"确定"按钮。

步骤 2：保持 E2：H15 单元格选定状态，在【表格工具】|【设计】选项卡的【属性】组中，修改表名称为"成本分析"，在【属性】组单击空白处完成修改。

步骤 3：保持 E2：H15 单元格选定状态，在【插入】选项卡的【图表】组中，单击"散点图"下拉按钮，选择"带平滑线的散点图"，并将图表移动到 J2：Q18 中。

步骤 4：选中图表，在【图表工具】|【布局】选项卡的【标签】组中，单击"图表标题"下拉按钮，选择"图表上方"，修改图表标题为"采购成本分析"。

步骤 5：在【图表工具】|【布局】选项卡的【标签】组中，单击"图例"下拉按钮，选择"在底部显示图例"。

步骤 6：双击左边的"垂直(值)轴"，设置主要刻度单位为"固定 9000"，单击"主要刻度线类型"下拉按钮，选择"无"；不关闭对话框，直接点击图表的"水平(值)轴"，设置最小值为"固定 200"，最大值为"固定 1400"，主要刻度单位为"固定 300"，单击"主要刻度线类型"下拉按钮，选择"无"，单击"关闭"按钮，如图 12-3 所示。

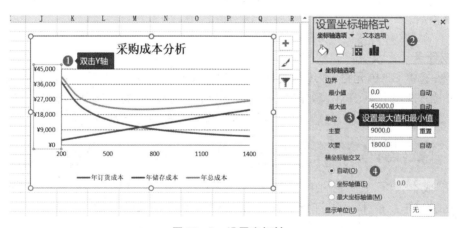

图 12-3　设置坐标轴

步骤 7：在【图表工具】|【布局】选项卡下，单击【当前所选内容】组中的下拉按钮，选择"垂直(值)轴主要网格线"，单击"设置所选内容格式"，在弹出的"设置主要网格线格式"对话框中，在"线型"选项下，单击"短划线类型"下拉按钮，选择"方点"，单击"关闭"按钮。

任务 6：调整表格样式

将工作表"经济订货批量分析"的 B2：B5 单元格区域的内容分为两行显示并居中对齐（保持字号不变），如文档"换行样式. png"所示，括号中的内容（含括号）显示于第 2 行，然后适当调整 B 列的列宽。

完成任务：

步骤 1：切换到"经济订货批量分析"工作表中，选中 E2 单元格，在编辑栏输入"＝LEFT(B2,FIND("("，B2)－1)＆CHAR(10)＆MID(B2,FIND("("，B2)，99)"，单击左侧"输入"按钮，然后利用自动填充功能填充至 E5 单元格。

步骤 2：选中 E2：E5 单元格，按 Ctrl＋C 快捷键复制，选中 B2 单元格，右击鼠标，选择"粘贴选项"下的"值"。

步骤 3：选中 B2：B5 单元格，在【开始】选项卡的【对齐方式】组中单击"自动换行"按钮，再单击"居中"按钮，在【单元格】组中，单击"格式"下拉按钮，选择"自动调整列宽"。

步骤 4：选中 E2：B5 单元格，右击鼠标，选择"清除内容"。

任务 7：插入公式

在工作表"经济订货批量分析"的 C5 单元格计算经济订货批量的值。

$$\left(公式为：经济订货批量＝\sqrt{\frac{2×年需求量×单次订货成本}{单位年储存成本}}，计算结果保留整数。\right)$$

完成任务：

步骤：选中 C5 单元格，在编辑栏输入公式"＝SQRT(2＊C2＊C3/C4)"，单击左侧"输入"按钮，在【开始】选项卡的"数字"组中，多次单击"减少小数位数"按钮，直到为整数。

任务 8：创建模拟运算表

在工作表"经济订货批量分析"的单元格区域 B7：M27 创建模拟运算表，模拟不同的年需求量和单位年储存成本所对应的不同经济订货批量；其中 C7：M7 为年需求量可能的变化值，B8：B27 为单位年储存成本可能的变化值，模拟运算的结果保留整数。

完成任务：

步骤 1：选中 B7 单元格，在编辑栏输入公式"＝SQRT(2＊C2＊C3/C4)"，单击左侧"输入"按钮，在【开始】选项卡的【数字】组中，多次单击"减少小数位数"按钮，直到为整数。

步骤 2：选中 B7：M27 单元格，在【数据】选项卡的【数据工具】组中单击"模拟分析"下拉按钮，选择"模拟运算表"，在"输入引用行的单元格"的数据区域，选择 C2 单元格，在"输入引用列的单元格"的数据区域，选择 C4 单元格，单击"确定"按钮，如图 12－4 所示。

图 12 - 4　模拟运算表

步骤 3：选中 C8：M27 单元格，在【开始】选项卡的【数字】组中，多次单击"减少小数位数"按钮，直到为整数。

任务 9：设置条件格式

对工作表"经济订货批量分析"的单元格区域 C8：M27 应用条件格式，将所有小于等于 750 且大于等于 650 的值所在单元格的底纹设置为红色，字体颜色设置为"白色，背景 1"。

完成任务：

步骤：选中 C8：M27 单元格，在【开始】选项卡【样式】组中，单击"条件格式"下拉按钮，选择"新建规则"，在"选择规则类型"中单击"只为包含以下内容的单元格设置格式"，在"只为满足以下条件的单元格设置格式"中设置单元格值介于"650"到"750"，单击"格式"按钮，在【填充】选项卡下，颜色填充选择"红色"，切换到【字体】选项卡，单击【颜色】下拉按钮，选择"白色，背景 1"，单击两次"确定"按钮。

任务 10：创建方案

在工作表"经济订货批量分析"中，根据单元格区域 C2：C4 作为可变单元格，按照如下要求创建方案（最终显示的方案为"需求持平"）：

方案名称	单元格 C2	单元格 C3	单元格 C4
需求下降	10000	600	35
需求持平	15000	500	30
需求上升	20000	450	27

完成任务：

步骤：在【数据】选项卡的【数据工具】组中单击"模拟分析"下拉按钮，选择"方案管理器"，单击"添加"按钮，方案名称为"需求下降"，可变单元格中选择 C2：C4，单击"确定"按钮，

在"方案变量值"对话框中，$C$2 设置为"10000"，$C$3 设置为"600"，$C$4 设置为
"35"；再单击"添加"按钮，方案名称为"需求持平"，单击"确定"按钮，$C$2 设置为
"15000"，$C$3 设置为"500"，$C$4 设置为"30"；再单击"添加"按钮，方案名称为"需求
上升"，单击"确定"按钮，$C$2 设置为"20000"，$C$3 设置为"450"，$C$4 设置为
"27"，单击"确定"按钮，选中"需求持平"，单击"显示"按钮，再单击"关闭"按钮。

任务 11：修改单元格名称

在工作表"经济订货批量分析"中，为单元格 C2:C5 按照如下要求定义名称：

C2	年需求量
C3	单次订货成本
C4	单位年储存成本
C5	经济订货批量

完成任务：

步骤：选中 C2 单元格，在【公式】选项卡的【定义名称】组中单击"定义名称"按钮，在名
称中输入"年需求量"，单击"确定"按钮，同样的方法为其余单元格定义名称。

任务 12：创建方案摘要

在工作表"经济订货批量分析"中，以 C5 单元格为结果单元格创建方案摘要，并将
新生成的"方案摘要"工作表置于工作表"经济订货批量分析"右侧。

完成任务：

步骤 1：在【数据】选项卡的【数据工具】组中单击"模拟分析"下拉按钮，选择"方案管理
器"，单击"摘要"按钮，报表类型为"方案摘要"，结果单元格为"C5"，单击"确定"按钮。

步骤 2：移动"方案摘要"工作表到"经济订货批量分析"右侧。

任务 13：设置打印格式

在"方案摘要"工作表中，将单元格区域 B2:G10 设置为打印区域，纸张方向设置为
横向，缩放比例设置为正常尺寸的 200％，打印内容在页面中水平和垂直方向都居中对
齐，在页眉正中央添加文字"不同方案比较分析"，并将页眉到上边距的距离值设置为 3。

完成任务：

步骤 1：选中 B2:G10 单元格，在【页面布局】选项卡下【页面设置】组中，单击"打印区域"
下拉按钮，选择"设置打印区域"。

步骤 2：单击"纸张方向"下拉按钮，选择"横向"。

步骤 3：在【页面布局】选项卡下【调整为合适大小】组中，缩放比例调整为"200％"。

步骤 4：在【页面布局】选项卡中，单击"页面设置"扩展按钮，在【页边距】选项卡下，设置

页眉边距为"3",勾选居中方式中的"水平"和"垂直";切换到【页眉/页脚】选项卡,单击"自定义页眉",在居中位置输入"不同方案比较分析",单击两次"确定"按钮。

步骤5:保存并关闭文件。

科技兴国

智慧城市

智慧城市通过物联网基础设施、云计算基础设施、地理空间基础设施等新一代信息技术以及维基、社交网络、Fab Lab、Living Lab、综合集成法、网动全媒体融合通信终端等工具和方法的应用,实现全面透彻的感知、宽带泛在的互联、智能融合的应用以及以用户创新、开放创新、大众创新、协同创新为特征的可持续创新。伴随网络帝国的崛起、移动技术的融合发展以及创新的民主化进程,知识社会环境下的智慧城市是继数字城市之后信息化城市发展的高级形态。

其具体对应的项目主要包括:智慧公共服务、智慧城市综合体、智慧政务城市综合管理运营平台、智慧安居服务、智慧教育文化服务、智慧服务应用、智慧健康保健体系建设和智慧交通。

例如:"南京智慧城市",简称"智慧南京",作为江苏智慧城市门户中的一个重要组成,成为政府、企业乃至个人开展创新的实用平台,为城市发展提供智力支持,创造优质的创业服务环境。南京智慧城市作为江苏智慧城市13个市分站当中的一个重要分站,是智慧门户在南京进行本地化应用的落地。其本身不是一个网站,而是一个基于云计算技术搭建的开放应用平台、电子商务平台、信息发布平台。主要服务有:智慧政务、智慧交通、智慧便民、智慧生活、智慧娱乐、智慧旅游等,涵盖政务、旅游、民生、产业等等,整合优化分散的政府和企业资源,并结合位置,短信,邮件,站内信等功能为用户提供简单、便捷的一站式服务。

第三部分　PowerPoint 演示文稿

PowerPoint 2016 是 Microsoft 公司推出的 Office 2016 办公系列软件的一个重要组成部分，主要用于幻灯片的制作。使用 PowerPoint 可以创建和编辑用于会议、授课和网页的演示文稿，并可在投影仪或者计算机上进行演示，通过这种方式能将会议或授课过程展现得更加直观和淋漓尽致。

近些年，由于上手容易，PowerPoint 的应用已经融入了各行各业，制作和编辑演示文稿是工作、学习、生活中较常遇到的情况。良好的演示文稿编辑处理能力，熟练掌握演示文稿编辑能力，是现代社会工作中非常必要的能力之一。PowerPoint 2016 提供了比以往版本更加多的途径来创建演示文稿，并与观众分享。除具有一般意义的演示文稿功能之外，它还提供了很多新颖的功能，即任意创建文件，又极具观赏性。

本书以 PowerPoint 2016 为软件环境，通过《设计旅游景点展示文稿》和《制作云产品宣传资料》等 6 个项目的讲解，让读者能够逐步掌握 PowerPoint 2016 的各项高阶应用，并灵活运用书本上所学的方式方法独立完成今后工作中遇到的挑战，设计并制作出优秀的演示文稿。

项目 13　设计旅游景点展示文稿

13.1　学习目标

李明是一名在校大学生,为了加强自己的专业能力,他会利用暑假时间去旅行社进行暑期实践。由于业务表现突出,老师希望他在大一迎新活动中给新生介绍一下北京的各主要旅游景点。现在他需要利用 PowerPoint 2016 来制作一份包括文字、图片和音频的 PPT 演示文稿,内容要求围绕北京各主要景点进行介绍。

完成后的效果如图 13-1 所示。

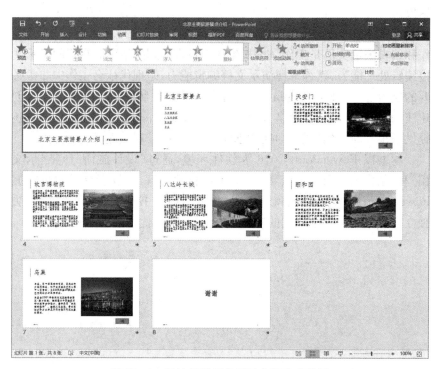

图 13-1　设计旅游景点展示文稿完成效果

本项目涉及知识点:创建演示文稿;设置标题与副标题;设置背景音乐;设置项目符号;插入文本框和图片;设置艺术字;设置超链接;设置动作按钮;设置切换效果;设置动画效果;添加页脚;设置放映方式。

13.2　相关知识

1. 项目符号和编号

项目符号和编号是放在文本前的点或其他符号,起到强调作用。合理使用项目符号和编号,可以使文档的层次结构更清晰、更有条理。

2. 艺术字

艺术字是以普通文字为基础,经过专业的字体设计师艺术加工的变形字体。字体特点符合文字含义、具有美观有趣、易认易识、醒目张扬等特性,是一种有图案意味或装饰意味的字体变形。艺术字能从汉字的义、形和结构特征出发,对汉字的笔画和结构作合理的变形装饰,书写出美观形象的变体字。艺术字经过变体来突出和美化文字,是一种字体艺术的创新,常用来创建旗帜鲜明的标志或标题。

3. 超链接

超链接从本质上讲属于网页的一个部分,当用户单击超链接时,可以链接到本网页中的位置,或者是其他网站,演示文稿中的超链接亦是如此。动作按钮本质上也是超链接,其作用是当鼠标单击时产生某种效果,如链接到某一张幻灯片、某个网站、某个文件,或者播放某种音效,运行某个程序等。

4. 动画效果

动画效果是指放映幻灯片时出现的一系列动作。动画可使演示文稿更加具有动态性,并有助于提高演示文稿的生动性。在制作幻灯片时,除了设置幻灯片切换时的动画效果外,还可以为幻灯片中的各种对象设置动画效果,使幻灯片更加生动,更吸引观众的视线,也使幻灯片更具有观赏性。

5. 页脚

页脚是文档中每个页面底部的区域。常用于显示文档的附加信息,可以在页脚中插入文本或图形。如页码、日期、公司徽标、文档标题、文件名或作者名等,这些信息通常打印在文档中每页的底部。

13.3　项目实施

【微信扫码】
项目微课

本项目实施的基本流程如下:

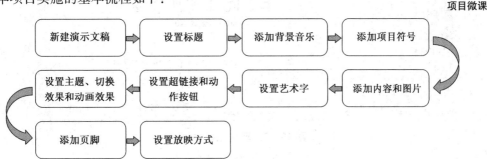

任务 1:新建演示文稿

在项目文件夹下,新建一份演示文稿,文件名为"北京主要旅游景点介绍",保存类型为"PowerPoint 演示文稿",即文件扩展名为"＊.pptx"的文件。

完成任务：

步骤1：单击"开始"菜单，选择并单击"PowerPoint 2016"，启动"PowerPoint 2016"，如图13-2所示。

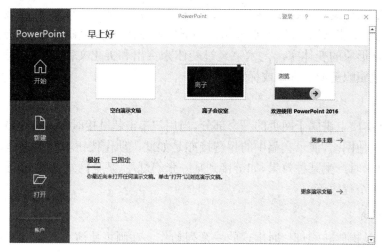

图13-2　启动"PowerPoint 2016"

步骤2：单击"空白演示文稿"，新建"演示文稿1"，如图13-3所示。

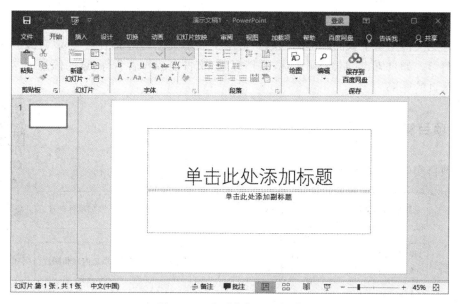

图13-3　新建"演示文稿1"

步骤3：单击【文件】选项卡下的"保存"按钮，将"演示文稿1"保存在项目文件夹下，文件名为"北京主要旅游景点介绍"，保存类型为"PowerPoint 演示文稿"，如图13-4所示。

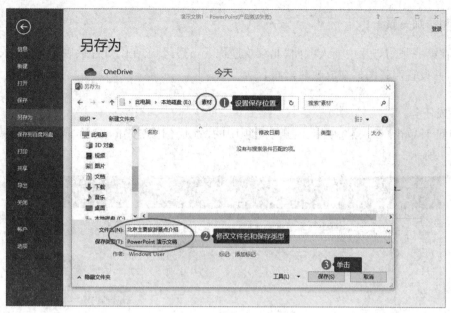

图 13-4 "另存为"对话框

任务 2：设置标题

将第一张标题幻灯片中的标题设置为"北京主要旅游景点介绍"，副标题为"历史与现代的完美融合"。

完成任务：

步骤 1：设置幻灯片版式为"标题幻灯片"。右击第一张幻灯片，选择"版式"命令，在弹出"Office 主题"下拉列表中选择"标题幻灯片"版式。如图 13-5 所示。

图 13-5 选择"标题幻灯片"版式

步骤 2：为"标题幻灯片"添加标题"北京主要旅游景点介绍"和副标题"历史与现代的完美融合"。如图 13-6 所示。

北京主要旅游景点介绍

历史与现代的完美融合

图 13-6 设置标题与副标题

任务3：添加背景音乐

在第一张幻灯片中插入歌曲"北京欢迎你.mp3"，要求在幻灯片放映期间，音乐一直播放，并设置声音图标在放映时隐藏。

完成任务：

步骤1：单击【插入】选项卡下【媒体】组中的"音频"下拉按钮，选择"PC上的音频"。如图13-7所示。

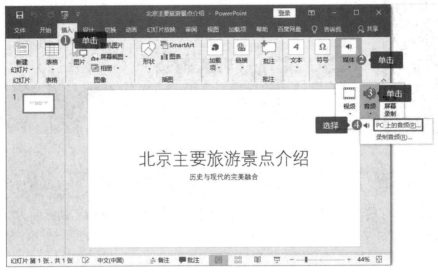

图13-7 选择"PC上的音频"

步骤2：在弹出的"插入音频"对话框中，选择项目文件夹下的"北京欢迎您.mp3"音频文件，单击"插入"按钮。如图13-8所示。

图13-8 插入音频文件

步骤 3：将出现的音频图标拖动至适当位置，单击【音频工具】下的【播放】选项卡，在【音频选项】组中勾选"跨幻灯片播放""循环播放，直到停止"和"放映时隐藏"等三个复选框。务必选中音频图标，否则不会出现"音频工具"选项。如图 13-9 所示。

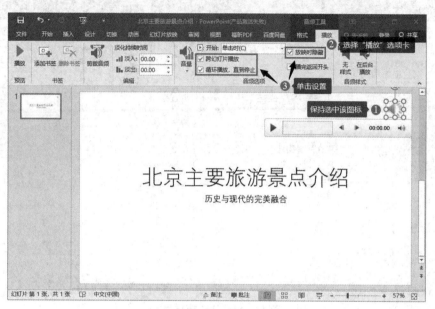

图 13-9　设置"播放"选项卡

任务 4：添加项目符号

将第二张幻灯片的版式设置为"标题和内容"，标题为"北京主要景点"，在文本区域中依次添加五行内容，分别是天安门、故宫博物院、八达岭长城、颐和园、鸟巢，并设置其项目符号为"带填充效果的大方形项目符号"。

完成任务：

步骤 1：新建"标题和内容"版式的幻灯片，如图 13-10 所示。

图 13-10　添加"标题和内容"版式的幻灯片

步骤 2：添加标题"北京主要景点"，并在下方内容文本框中输入要求的文字，选中这些文字,单击【开始】选项卡下【段落】组中的"项目符号"下拉按钮,选择"带填充效果的大方形项目符号",如图 13-11 所示。

图 13-11 修改项目符号

任务 5:添加内容和图片

自第三张幻灯片开始按照天安门、故宫博物院、八达岭长城、颐和园、鸟巢的顺序依次介绍北京各主要景点,相应的文字素材"北京主要景点介绍—文字. docx"以及图片文件均存放在项目文件夹下,要求每个景点介绍各占用一张幻灯片。

完成任务:

步骤 1: 新建一张幻灯片,可选择"两栏内容"版式。

步骤 2: 输入标题"天安门",将项目文件夹下的"北京主要景点文字介绍. docx"中的第一段文字复制粘贴到该幻灯片左侧的文本框中,并删除多余的空格和项目符号。

步骤 3: 单击右侧文本框中的"图片"按钮,在弹出的"插入图片"对话框中,找到项目文件夹下的图片"天安门. jpg",单击"插入"按钮,再适当调整图片大小以完成第一张幻灯片的制作。

步骤 4: 最后,使用同样的方法将后续四张幻灯片制作完成。如图 13-12 所示。

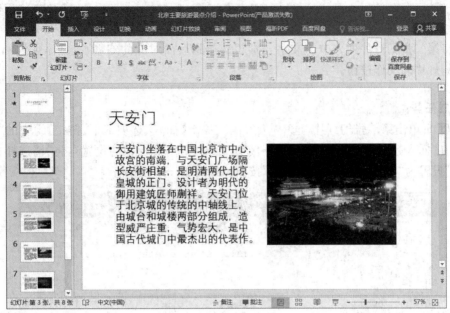

图 13‑12　添加文字和图片

任务 6：设置艺术字

设置最后一张幻灯片的版式为"空白"，并插入艺术字"谢谢"。

完成任务：

步骤 1：在所有幻灯片最下方新建一个版式为"空白"的幻灯片。

步骤 2：单击【插入】选项卡下【文本】组中的"艺术字"下拉按钮，选择任意一种艺术字样式，并在艺术字文本框中输入"谢谢"，如图 13‑13 所示。

图 13‑13　添加艺术字

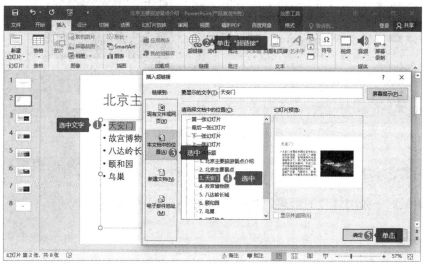

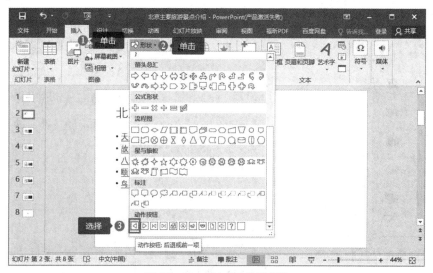

任务7：设置超链接和动作按钮

将第二张幻灯片列表中的文字分别超链接到后面对应的幻灯片，并添加返回到第二张幻灯片的动作按钮。

完成任务：

步骤1：单击第二张幻灯片，选中"天安门"，单击【插入】选项卡下【链接】组中的"链接"按钮。在"插入超链接"对话框中，将"链接到"设置为"本文档中的位置"，将"请选择文档中的位置"设置为"3.天安门"，单击"确定"按钮。如图13-14所示。

图13-14 添加超链接

步骤2：按同样的方法为其他景点建立超链接。

步骤3：单击第三张幻灯片，在【插入】选项卡下【插图】组中单击"形状"下拉按钮，选择"动作按钮"中的第一个按钮，即"动作按钮：后退或前一项"。如图13-15所示。

图13-15 添加"动作按钮"

步骤 4：在空白位置绘制该动作按钮，在弹出的"操作设置"对话框中，选择"超链接到"下方的下拉按钮，选择"幻灯片…"。在弹出的"超链接到幻灯片"对话框中，选择"2.北京主要景点"，并单击两次"确定"按钮返回最初界面。如图 13－16 所示。

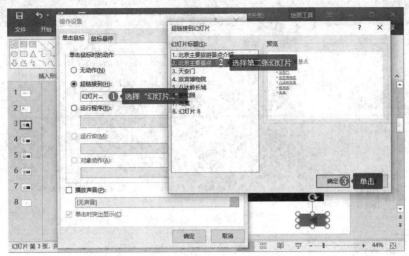

图 13－16 设置"动作按钮"

步骤 5：适当调整动作按钮的大小和位置。
步骤 6：按同样的方法完成其余幻灯片上动作按钮的添加。

任务 8：设置主题、切换效果和动画效果

为演示文稿选择一种设计主题，要求字体和整体布局合理、色调统一，为每张幻灯片设置不同的幻灯片切换效果以及文字和图片的动画效果。

完成任务：
步骤 1：单击【设计】选项卡中【主题】组中的"其他"下拉按钮，选择"积分"主题。如图 13－17 所示。

图 13－17 设置幻灯片主题

　　步骤2:选择第1张幻灯片,单击【切换】选项卡,在【切换到此幻灯片】组中单击"其他"下拉按钮,选择"擦除"切换效果。如图13－18所示。

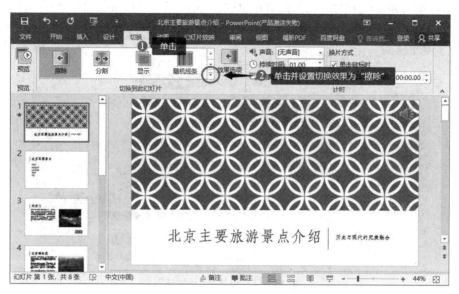

图13－18　设置幻灯片切换效果

　　步骤3:按同样的方法为其他幻灯片设置不同的切换效果。

　　步骤4:选中第1张幻灯片的标题文本框,切换至【动画】选项卡,单击【动画】组中的"其他"下拉按钮,选择"浮入"动画效果。如图13－19所示。

　　步骤5:按照同样的方法为其余幻灯片中的文本框和图片设置不同的动画效果。

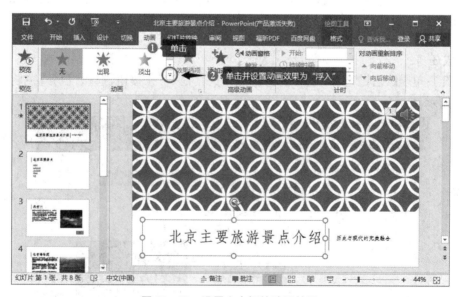

图13－19　设置文本框的动画效果

任务 9：添加页脚

> 除标题幻灯片外，其他幻灯片的页脚均包含幻灯片编号、日期和时间。

完成任务：

步骤：单击【插入】选项卡下【文本】组中的"页眉和页脚"按钮，在弹出的"页眉和页脚"对话框中勾选"日期和时间"复选框、"幻灯片编号"复选框和"标题幻灯片中不显示"复选框，单击"全部应用"按钮。如图 13 - 20 所示。

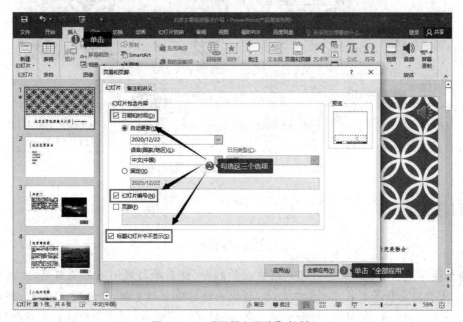

图 13 - 20　"页眉和页脚"对话框

任务 10：设置放映方式

> 设置演示文稿放映方式为"循环放映，按 ESC 键终止"，换片方式为"手动"。

完成任务：

步骤 1：单击【幻灯片放映】选项下【设置】组中的"设置幻灯片放映"按钮，弹出"设置放映方式"对话框，在"放映类型"中选择"观众自行浏览（窗口）"，在"放映选项"组中勾选"循环放映，按 ESC 键终止"复选框，将"换片方式"设置为手动，单击"确定"按钮。如图 13 - 21 所示。

步骤 2：保存并关闭文件。

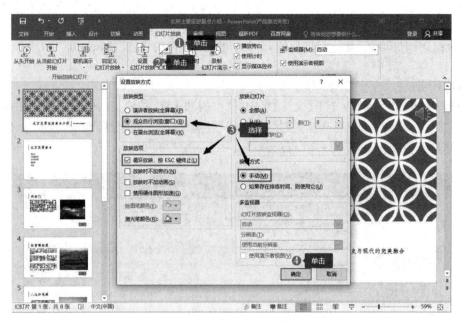

图 13‑21 "设置放映方式"对话框

科技兴国

智慧校园

智慧校园是指以促进信息技术与教育教学融合、提高学与教的效果为目的,以物联网、云计算、大数据分析等新技术为核心技术,提供一种环境全面感知、智慧型、数据化、网络化、协作型一体化的教学、科研、管理和生活服务,并能对教育教学、教育管理进行洞察和预测的智慧学习环境。智慧校园=1个数据中心+智慧校园基础设施+八类智慧校园应用系统+智慧性资源。八类智慧校园应用系统分别是:学生成长类智慧应用系统、教师专业发展类智慧应用系统、科学研究类智慧应用系统、教育管理类智慧应用系统、安全监控类智慧应用系统、后勤服务类智慧应用系统、社会服务类智慧应用系统、综合评价类智慧应用系统。

智慧校园的三个核心的特征:

一是为广大师生提供一个全面的智能感知环境和综合信息服务平台,提供基于角色的个性化定制服务;

二是将基于计算机网络的信息服务融入学校的各个应用与服务领域,实现互联和协作;

三是通过智能感知环境和综合信息服务平台,为学校与外部世界提供一个相互交流和相互感知的接口。

项目 14　制作云产品宣传资料

14.1　学习目标

随着业务不断拓展，实习生小李被公司派往南京办事处做产品销售工作。明天他将带着产品方案去往一所高职院校作产品宣讲，目的是向客户推广云计算技术的价值。请根据项目文件夹下"PPT 素材.docx"中的内容，帮助小李完成云计算演示文稿的制作。

完成后的效果如图 14-1 所示。

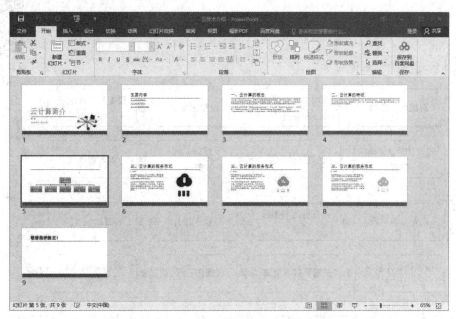

图 14-1　制作云产品宣传资料完成效果

本项目涉及知识点：设置幻灯片版式；设置幻灯片主题；设置 SmartArt 图形。

14.2　相关知识

1. 幻灯片主题

幻灯片主题是一组预定义的颜色、字体和视觉效果，可应用于幻灯片以实现统一专业的外观。通过使用主题，你可以轻松赋予演示文稿和谐的外观。

2. 幻灯片模版

幻灯片模板是主题以及一些特定用途的内容，例如产品销售演示文稿、业务计划或课堂课程教学。因此，模板具有可以协同工作的设计元素（颜色、字体、背景、效果）和样本内容，可以增加这些内容来叙述有关故事。用户可以创建、存储、重复使用以及与他人共享自己定义的模板。

3. 幻灯片版式

幻灯片版式是 Power Point 软件中的一种常规排版格式,通过幻灯片版式的应用可以对文字、图片等更加合理简洁的完成布局,版式有文字版式、内容版式、文字版式和内容版式与其他版式这四个版式组成。通常软件已经内置几个版式类型供使用者使用,利用这四个版式可以轻松完成幻灯片制作和运用。

4. SmartArt 图形

SmartArt 图形是信息和观点的视觉表示形式。可以通过从多种不同布局中进行选择来创建 SmartArt 图形,从而快速、轻松、有效地传达信息。SmartArt 图形可以在整个 Office 中进行使用,包括 Word、Excel、PowerPoint 和 Outlook 等组件。

14.3 项目实施

本项目实施的基本流程如下:

【微信扫码】
项目微课

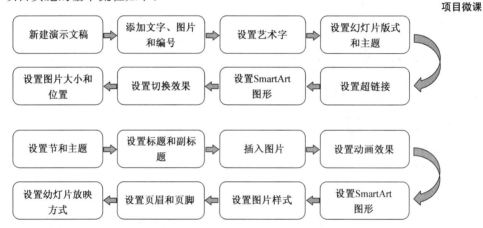

任务 1:新建演示文稿

在项目文件夹下,新建一份演示文稿,文件名为"云技术介绍",保存类型为"PowerPoint 演示文稿",即文件扩展名为" * . pptx"的文件。

完成任务:

步骤 1: 单击"开始"菜单,选择并单击"PowerPoint 2016",启动"PowerPoint 2016",如图 14 - 2 所示。

步骤 2: 单击"空白演示文稿",新建"演示文稿 1",如图 14 - 3 所示。

步骤 3: 单击【文件】选项卡下的"保存"按钮,将"演示文稿 1"保存在项目文件夹下,文件名为"云技术介绍",保存类型为"PowerPoint 演示文稿",如图 14 - 4 所示。

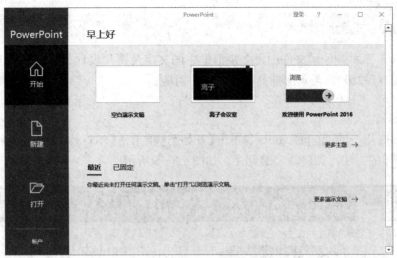

图 14 - 2 启动"PowerPoint 2016"

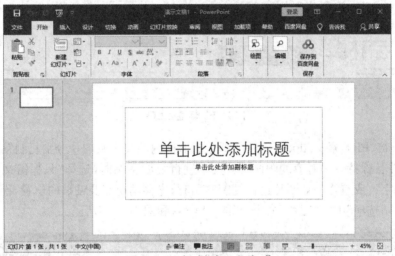

图 14 - 3 新建"演示文稿 1"

图 14 - 4 "另存为"对话框

任务2:添加文字、图片和编号

　　将"PPT素材.docx"文件中每个矩形框中的文字及图片设计为1张幻灯片,为演示文稿插入幻灯片编号,与矩形框前的序号一一对应。

完成任务:

　　步骤1:打开"云技术介绍.pptx",单击【开始】选项卡下【幻灯片】组中的"新建幻灯片"按钮。按同样的方法再创建8个幻灯片。如图14-5所示。

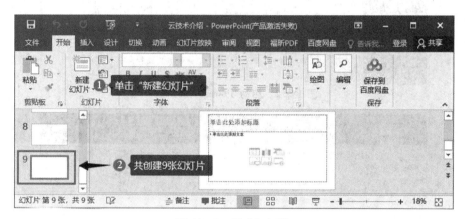

图14-5　新建幻灯片

　　步骤2:将"PPT素材.docx"文件中每个矩形框内的文字及图片分别复制粘贴到每一个幻灯片中,并且保持一一对应的顺序。对文字进行复制粘贴时,选择"只保留文本",并删除前后多余的字符或空格。对图片进行复制粘贴时,先移动至需要粘贴的位置,再单击鼠标右键,选择"粘贴选项"中的"图片"命令。如图14-6和图14-7所示。

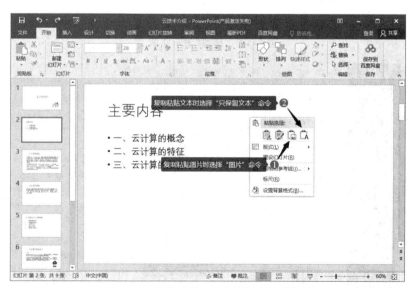

图14-6　为第二张幻灯片添加文字和图片

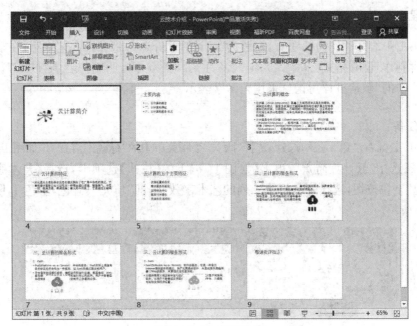

图 14 - 7　缩略图

步骤 3: 选中一张幻灯片,单击【插入】选项卡下【文本】组中的"幻灯片编号"按钮,在弹出的"页眉与页脚"对话框中,勾选"幻灯片编号"复选框。设置完成后单击"全部应用"按钮。如图 14 - 8 所示。

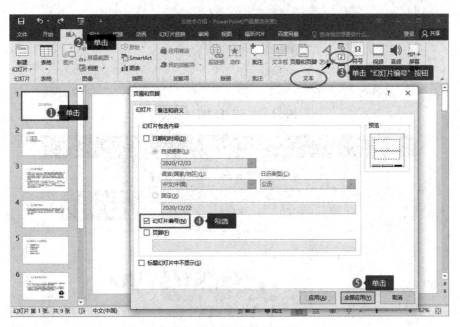

图 14 - 8　设置幻灯片编号

任务3:设置艺术字

将第1张幻灯片作为标题页,标题为"云计算简介",并将其设为艺术字,在本页幻灯片中包含制作日期(格式:××××年××月××日),并指明制作者为"NCC"。将第9张幻灯片中的"敬请批评指正!"采用艺术字表示。

完成任务:

步骤1:鼠标右击第1张幻灯片,选择"版式"级联菜单中的"标题幻灯片"。如图14-9所示。

步骤2:选中"云计算简介",单击【绘图工具】下的【格式】选项卡,选择【艺术字样式】组中的"其他"下拉按钮,选择第一行第二列的艺术字效果,即"填充—蓝色,着色1,阴影"。如图14-10所示。

图14-9 设置幻灯片版式

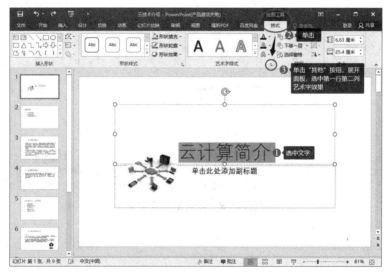

图14-10 设置艺术字

步骤 3：将幻灯片中的图片移动到合适的位置，不要遮挡文字和幻灯片编号。

步骤 4：在副标题文本框中输入制作日期和作者。如图 14－11 所示。

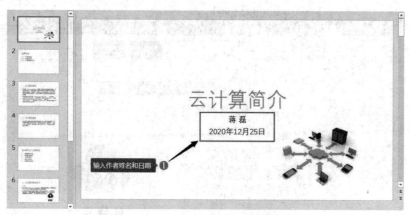

图 14－11　输入作者姓名和日期

步骤 5：选中第 9 张幻灯片中的"敬请批评指正！"，选择任意一种艺术字效果将其设置为艺术字，具体方法请参考步骤 2，此处不再赘述。

任务 4：设置幻灯片版式和主题

设置该演示文稿中幻灯片版式至少有 3 种，并为演示文稿选择一个合适的主题。

完成任务：

步骤 1：选中第 2 张幻灯片，单击【开始】选项卡下【幻灯片】组中的"版式"下拉按钮，选择"标题和内容"版式。按照该方法设置其他幻灯片，但需要插入图片的幻灯片建议设置版式为"两栏内容"，并将图片剪切粘贴到右侧文本框中，粘贴时选择"粘贴选项"中的"图片"。这样使得演示文稿中至少包含三种版式，分别是"标题幻灯片""标题和内容"和"两栏内容"。如图 14－12 所示。

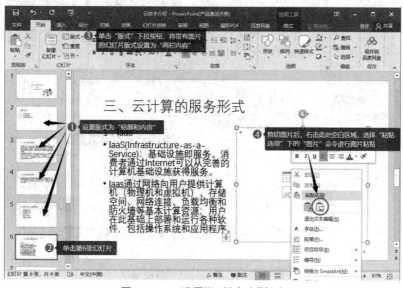

图 14－12　设置"两栏内容"版式

步骤2:单击【设计】选项卡下【主题】组中的"其他"下拉按钮,选择主题"回顾"。如图14-13所示。

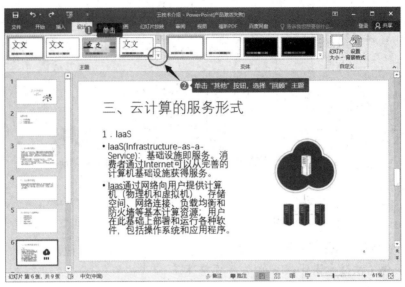

图14-13 设置幻灯片主题

任务5:设置超链接

为第2张幻灯片中的每项内容插入超级链接,单击链接时转到相应幻灯片。

完成任务:

步骤1:选择第2张幻灯片中的"一、云计算的概念",单击【插入】选项卡下【链接】组中的"超链接"按钮,即可弹出"插入超链接"对话框。在"链接到"中选择"本文档中的位置",并在右侧选择"3.一、云计算的概念",最后单击"确定"按钮。如图14-14所示。

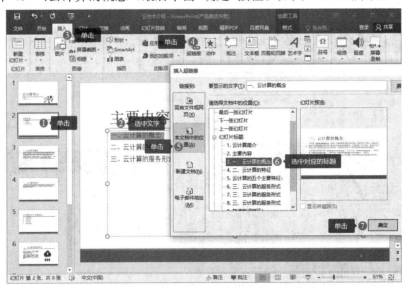

图14-14 为幻灯片添加超链接

步骤 2:按照同样的方法设置其余的超链接。

任务 6:设置 SmartArt 图形

将第 5 张幻灯片中的文字内容采用"组织结构图"SmartArt 图形表示,最上级内容为"云计算的五个主要特征",其下级依次为具体的五个特征。

完成任务:

步骤 1:选中第 5 张幻灯片,将标题文字"云计算的五个主要特征:"剪切粘贴到下面的内容文本框中"资源配置动态化"的上方,粘贴时选择"只保留文本",并删除多余空格、符号和冒号。如图 14 - 15 所示。

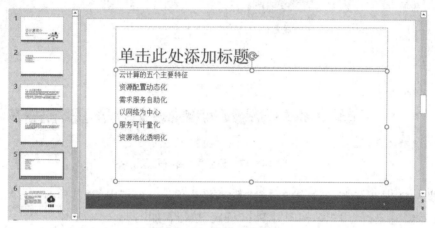

图 14 - 15　文字内容准备

步骤 2:将光标定位在"资源配置动态化"最左侧,单击【开始】选项卡下【段落】组中的"提高列表级别"按钮。按照同样的方法设置下面的四行文字。如图 14 - 16 所示。

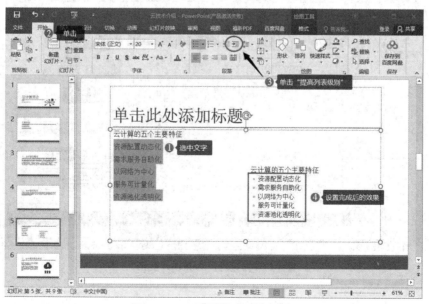

图 14 - 16　设置"提高列表级别"

步骤3：选中内容文本框中的所有文字，在【段落】组中单击"项目符号"下拉按钮，选择"无"。如图14-17所示。

图 14-17　设置"项目符号"

步骤4：选中所有文字，右键单击选择"转换为SmartArt"中的"其他SmartArt图形"，在"层次结构"中选择"组织结构图"，单击"确定"按钮。如图14-18所示。

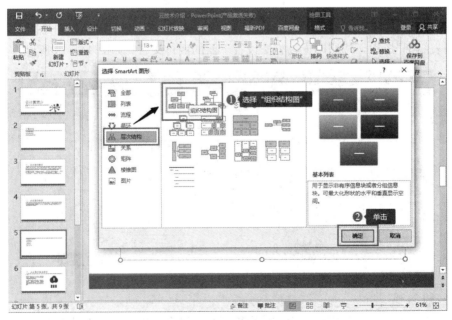

图 14-18　设置"SmartArt图形"

任务 7:设置切换效果

为每张幻灯片中的对象添加动画效果,并在此演示文稿中设置 3 种以上幻灯片切换效果。

完成任务:

步骤 1:选中第 1 张幻灯片,单击标题文字,单击【动画】选项卡下【动画】组中的"其他"下拉按钮,选择一个合适的动画效果。如图 14 - 19 所示。

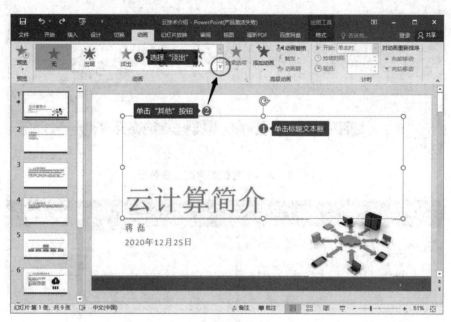

图 14 - 19　设置标题文本框的动画效果

步骤 2:按照同样的方法为其余幻灯片中的对象设置动画效果。

步骤 3:选中一张幻灯片,单击【切换】选项卡下【切换到此幻灯片】组中的"其他"下拉按钮,选择一个合适的切换效果。如图 14 - 20 所示。

任务 8:设置图片大小和位置

为了达到较好的图文混排效果,适当增加第 6、7、8 页中图片的显示比例。

完成任务:

步骤 1:选中第 6 页幻灯片中的图片,单击【图片工具】中的【格式】选项卡,在【大小】组中单击扩展按钮,在幻灯片右侧弹出"设置图片格式"对话框。

步骤 2:适当调整图片在幻灯片中的位置和比例。如图 14 - 21 所示。

图 14-20　设置幻灯片的切换效果

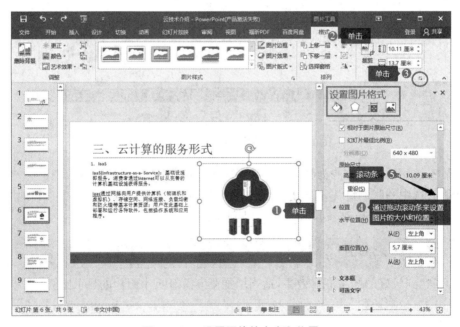

图 14-21　设置图片的大小和位置

科技兴国

智慧医疗

　　智慧医疗英文简称 WITMED,是最近兴起的专有医疗名词,通过打造健康档案区域医疗信息平台,利用最先进的物联网技术,实现患者与医务人员、医疗机构、医疗设备之间的互动,逐步达到信息化。智慧医疗由三部分组成,分别为智慧医院系统、区域卫生系统以及家庭健康系统。

1. 智慧医院系统

由数字医院和提升应用两部分组成

(1) 数字医院包括医院信息系统(hospital information system,HIS)、实验室信息管理系统(laboratory information management system,LIS)、医学影像信息的存储系统(picture archiving and communication systems,PACS)和传输系统以及医生工作站四个部分。实现病人诊疗信息和行政管理信息的收集、存储、处理、提取及数据交换。

(2) 提升应用包括远程图像传输、大量数据计算处理等技术在数字医院建设过程的应用,实现医疗服务水平的提升。

2. 区域卫生系统

由区域卫生平台和公共卫生系统两部分组成

(1) 区域卫生平台包括收集、处理、传输社区、医院、医疗科研机构、卫生监管部门记录的所有信息的区域卫生信息平台;包括旨在运用尖端的科学和计算机技术,帮助医疗单位以及其他有关组织开展疾病危险度的评价,制定以个人为基础的危险因素干预计划,减少医疗费用支出,以及制定预防和控制疾病的发生和发展的电子健康档案(electronic health record,EHR)。

(2) 公共卫生系统由卫生监督管理系统和疫情发布控制系统组成。

3. 家庭健康系统

家庭健康系统是最贴近市民的健康保障,包括针对行动不便无法送往医院进行救治病患的视讯医疗,对慢性病以及老幼病患远程的照护,对智障、残疾、传染病等特殊人群的健康监测,还包括自动提示用药时间、服用禁忌、剩余药量等的智能服药系统。

项目 15　制作摄影社团优秀作品赏析

15.1　学习目标

第一届"南城杯"美丽校园溧水校区学生摄影比赛圆满结束,来自摄影协会王浩同学的参赛作品荣获一等奖。赛后,摄影协会希望王浩同学将自己的参数作品用演示文稿的形式在校园文化节上进行展示。这些优秀摄影作品需要保存在项目文件夹下,并以"Photo1. jpg"至"Photo12.jpg"命名。现在,请帮助王浩同学完成该演示文稿的制作。

完成后的效果如图 15-1 所示。

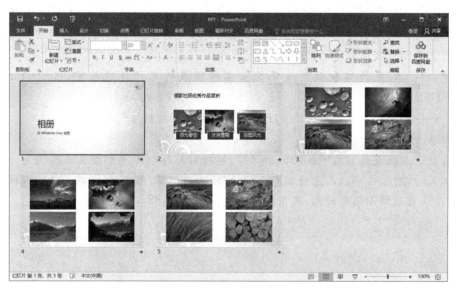

图 15-1　制作优秀作品巡展演示文稿完成效果

本项目涉及知识点:新建相册;设置切换效果;插入新幻灯片;设置 SmartArt 图形;设置超链接。

15.2　相关知识

1. 切换效果

幻灯片切换效果是指放映时幻灯片离开和进入播放画面时所产生的视觉效果。系统提供了很多种不同的切换样式。例如,可以使幻灯片从右上部覆盖,或者自左侧擦除等。幻灯片切换效果不仅使幻灯片的过渡衔接更为自然,而且也能吸引观众的注意力。希望读者要熟练掌握该部分的功能。

2. SmartArt 图形

SmartArt 图形一般不适合于文字较多的文本,常用于将文字量少、层次较明显的文本转换为更有助于读者理解、记忆的文档插图。PowerPoint 2016 提供了 8 种不同类型的 SmartArt 图形,有列表、流程、循环、层次结构、关系、矩阵、棱锥图和图片。

15.3　项目实施

【微信扫码】
项目微课

本项目实施的基本流程如下:

任务 1:新建相册

在项目文件夹下,利用 PowerPoint 2016 创建一个相册,并包含"Photo1.jpg"至 "Photo12.jpg"共 12 幅摄影作品。在每张幻灯片中包含 4 张图片,并将每幅图片设置为 "居中矩形阴影"相框形状。

完成任务:

步骤 1:鼠标右键单击项目文件夹空白处,新建一个 Microsoft PowerPoint 演示文稿。

步骤 2:打开演示文稿,单击【插入】选项卡下【图像】组中的"相册"下拉按钮,选择"新建相册"命令。如图 15-2 所示。

图 15-2　单击"新建相册"命令

步骤 3:在弹出的"相册"对话框中,单击"文件/磁盘"按钮,弹出"插入新图片"对话框,定位到项目文件夹下,按住 Ctrl 键同时选中要求的 12 张图片,单击"插入"按钮。

步骤 4:最后回到"相册"对话框,在"图片版式"下拉列表中选择"4 张图片",在"相框形状"下拉列表中选择"居中矩形阴影",单击"主题"右侧的"浏览"按钮,在项目文件夹下选择"相册主题.pptx",单击"选择"按钮,再单击"创建"按钮,这样会产生文件名为"演示文稿 1"的 PPT 文件。如图 15-3 所示。

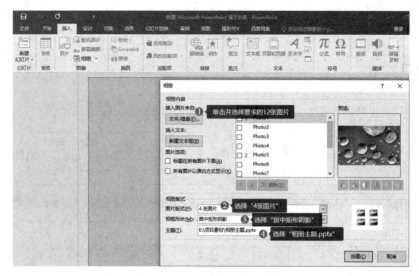

图 15-3 设置"相册"对话框

任务 2:设置切换效果

为相册中每张幻灯片设置不同的切换效果。

完成任务:

步骤 1:选中第 1 张幻灯片,在【切换】选项卡下【切换到此幻灯片】组中选择任意一种切换效果。

步骤 2:按照同样的方法设置其他 3 张幻灯片为不同的切换效果。

任务 3:插入新幻灯片

在标题幻灯片后插入一张新的幻灯片,将该幻灯片设置为"标题和内容"版式。在该幻灯片的标题位置输入"摄影社团优秀作品赏析"并在该幻灯片的内容文本框中输入三行文字,分别为"湖光春色""冰消雪融"和"田园风光"。

完成任务:

步骤 1:选中第一张幻灯片,单击【开始】选项卡下【幻灯片】组中的"新建幻灯片"下拉按钮,选择"标题和内容"。

步骤 2:在该幻灯片的标题文本框中输入"摄影社团优秀作品赏析",在内容文本框中输入三行文字,分别为"湖光春色""冰消雪融"和"田园风光"。

任务 4:设置 SmartArt 图形

设将"湖光春色""冰消雪融"和"田园风光"三行文字转换为样式为"蛇形图片题注列表"的 SmartArt 对象,并将"Photo1.jpg""Photo6.jpg"和"Photo9.jpg"定义为该SmartArt 对象的显示图片。

完成任务：

步骤 1:选中"湖光春色""冰消雪融"和"田园风光"三行文字,右键单击,选择"转化为SmartArt"中的"其他 SmartArt 图形",在弹出的对话框中选择"图片"中的"蛇形图片题注列表",单击"确定"按钮。如图 15－4 所示。

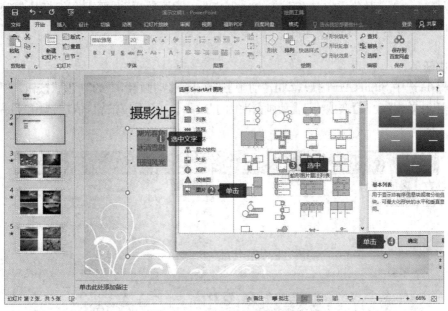

图 15－4　蛇形图片题注列表

步骤 2:单击"湖光春色"所对应的图片按钮,单击"从文件浏览"按钮,在弹出的"插入图片"对话框中选择"从文件浏览",在弹出的"插入图片"对话框中,位置切换到项目文件夹下,选择"Photo1.jpg"图片,单击"插入"按钮。如图 15－5 所示。

图 15－5　插入图片

步骤 3:按照同样的方法插入其他两张图片,分别是"Photo6.jpg"和"Photo9.jpg"。

步骤 4:在【切换】选项卡下【切换到此幻灯片】组中设置与其他幻灯片不同的切换效果。

任务 5:设置动画效果

为 SmartArt 对象添加自左至右的"擦除"进入动画效果,并要求在幻灯片放映时该 SmartArt 对象元素可以逐个显示。

完成任务:

步骤 1:选中 SmartArt 图形,单击【动画】选项卡下【动画】组中的"擦除"按钮。

步骤 2:单击【动画】选项卡下【动画】组中的"效果选项"下拉按钮,依次选中"自左侧"和"逐个"。如图 15 - 6 所示。

图 15 - 6 设置"效果选项"

任务 6:设置超链接

在 SmartArt 对象元素中添加幻灯片跳转链接,使得单击"湖光春色"标注形状可跳转至第 3 张幻灯片,单击"冰消雪融"标注形状可跳转至第 4 张幻灯片,单击"田园风光"标注形状可跳转至第 5 张幻灯片。

完成任务:

步骤 1:选中 SmartArt 中的"湖光春色"标注形状,单击【插入】选项卡下【链接】组中的"超链接"按钮,即可弹出"插入超链接"对话框。在"链接到"组中选择"本文档中的位置",并在右侧选择"幻灯片 3",单击"确定"按钮。如图 15 - 7 所示。

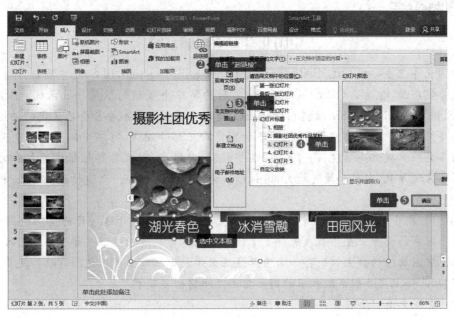

图 15‑7　设置超链接

步骤 2: 按照同样的方法设置另外两个超链接,分别链接到"幻灯片 4"和"幻灯片 5"。

任务 7:设置背景音乐

　　将项目文件夹中的"ELPHRG01.wav"声音文件作为该相册的背景音乐,并在幻灯片放映时即开始播放。

完成任务:

步骤 1: 选中第 1 张幻灯片,单击【插入】选项卡下【媒体】组中的"音频"下拉按钮,选择"PC 上的音频"。在弹出的"插入音频"对话框中选中"ELPHRG01.wav"音频文件。单击"插入"按钮。

步骤 2: 选中音频的小喇叭图标,将其拖动到合适的位置,在【音频工具】|【播放】选项卡的【音频选项】组中,勾选"循环播放,直到停止"复选框和"跨幻灯片播放"复选框。

任务 8:保存文件

　　将该相册以文件名"PPT.pptx"(".pptx"为扩展名)保存在项目文件夹下。

完成任务:

步骤 1: 单击【文件】选项卡下的"保存"按钮。

步骤 2: 在弹出的"另存为"对话框中,单击"浏览",定位到项目文件夹下,输入文件名为"PPT.pptx"。单击"保存"按钮,即可将该文件保存到项目文件夹下。

步骤 3: 关闭文件。

中国北斗卫星导航系统

中国北斗卫星导航系统(BeiDou navigation satellite system,BDS)是中国自行研制的全球卫星导航系统,也是继 GPS、GLONASS 之后的第三个成熟的卫星导航系统。BDS 和美国 GPS、俄罗斯 GLONASS、欧盟 GALILEO,是联合国卫星导航委员会已认定的供应商。

北斗卫星导航系统由空间段、地面段和用户段三部分组成,可在全球范围内全天候、全天时为各类用户提供高精度、高可靠定位、导航、授时服务,并且具备短报文通信能力,已经初步具备区域导航、定位和授时能力,定位精度为分米、厘米级别,测速精度0.2米/秒,授时精度10纳秒。

2020 年 7 月 31 日上午,北斗三号全球卫星导航系统正式开通。目前全球范围内已经有 137 个国家与北斗卫星导航系统签下了合作协议。标志着中国卫星导航事业进入全球顶级序列。中国北斗的自主创新再一次为世界卫星导航事业做出了巨大的贡献。随着全球组网的成功,北斗卫星导航系统未来的国际应用空间将会不断扩展。

北斗系统具有以下特点:

(1)北斗系统空间段采用三种轨道卫星组成的混合星座,与其他卫星导航系统相比高轨卫星更多,抗遮挡能力强,尤其低纬度地区性能特点更为明显。

(2)北斗系统提供多个频点的导航信号,能够通过多频信号组合使用等方式提高服务精度。

(3)北斗系统创新融合了导航与通信能力,具有实时导航、快速定位、精确授时、位置报告和短报文通信服务五大功能。

未来我们的北斗导航结合 5G 技术、人工智能技术,对于自动驾驶、精准定位都将有难以预计的提升空间。

项目 16　筹划新产品展示宣传文稿

16.1　学习目标

市场部助理小王准备在公司新产品发布会期间利用投影技术向到访的社会各界嘉宾展示公司研制的新一代产品,请按照如下要求协助小王完成相关演示文稿的制作。

完成后的效果如图 16－1 所示。

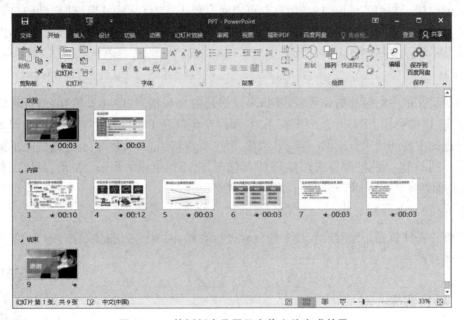

图 16－1　筹划新产品展示宣传文稿完成效果

本项目涉及知识点:创建演示文稿;设置大纲视图;设置 SmartArt 图形样式;插入图表;设置动画效果;设置切换效果;为演示文稿创建节;设置自动放映时间;删除备注信息。

16.2　相关知识

1. 大纲视图

PowerPoint 2016 提供了 5 种视图模式,分别为普通视图、大纲视图、备注页视图、幻灯片浏览视图和阅读视图模式,用户可根据自己的阅读需要选择不同的视图模式。

普通视图是 PowerPoint 2016 的默认视图模式,共包含大纲窗格、幻灯片窗格和备注窗格三种窗格。这些窗格让用户可以在同一位置使用演示文稿的各种特征。拖动窗格边框可调整不同窗格的大小。

大纲视图含有大纲窗格、幻灯片缩图窗格和幻灯片备注页窗格。在大纲窗格中显示演示文稿的文本内容和组织结构,不显示图形、图像、图表等对象。在大纲视图下进行编辑,可以调整各幻灯片的前后顺序;在一张幻灯片内可以调整标题的层次级别和前后次序;可以将某幻灯片的文本复制或移动到其他幻灯片中。

幻灯片浏览视图可以在屏幕上同时看到演示文稿中的所有幻灯片,这些幻灯片是以缩略图方式整齐地显示在同一窗口中。在该视图中可以看到改变幻灯片的背景设计、配色方案或更换模板后文稿发生的整体变化,可以检查各个幻灯片是否前后协调、图标的位置是否合适等问题;同时在该视图中也可以很容易地在幻灯片之间添加、删除和移动幻灯片的前后顺序以及选择幻灯片之间的动画切换。

备注页视图主要用于为演示文稿中的幻灯片添加备注内容或对备注内容进行修改,在该视图模式下无法对幻灯片的内容进行编辑。

在创建演示文稿的任何时候,用户都可以通过单击"幻灯片放映"按钮启动幻灯片放映和预览演示文稿。阅读视图在幻灯片放映视图中并不是显示单个的静止画面,而是以动态的形式显示演示文稿中各个幻灯片。

2. 节

当演示文稿中幻灯片的张数较多时,可以把其中具有相同"中心思想"的幻灯片组成有意义的组,这样会使 PPT 看起来更有条理,而这个组就是 PPT 中的"节"。例如,课本都是按照讲述的主要问题来分成第一章,第二章,第三章或第四章的,PPT 也可以按照不同的内容分成不同的节,当我们翻看或调整 PPT 结构时,就不用鼠标一张张去拖动,可以以节为单位,直接拖动整个节的 PPT 页面进行翻看或调整。

3. 幻灯片备注

幻灯片备注就是用来对幻灯片中的内容进行解释、说明或补充的文字性材料,便于演讲者讲演或修改。

16.3 项目实施

本项目实施的基本流程如下:

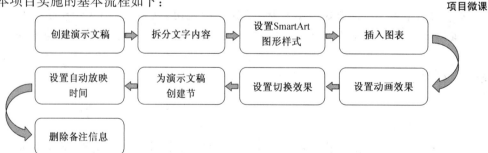

【微信扫码】
项目微课

任务 1:创建演示文稿

在项目文件夹下,将"PPT 素材.pptx"文件另存为"PPT.pptx"(".pptx"为文件扩展名),后续操作均基于此文件。

完成任务：

步骤：打开项目文件夹下的"PPT 素材.pptx"，单击【文件】选项卡，选择"另存为"命令，单击右侧"浏览"命令，在弹出的"另存为"对话框中修改文件名为"PPT"，保存类型为"PowerPoint 演示文稿"，最后单击"保存"按钮。

任务 2：拆分文字内容

　　由于文字内容较多，将第 7 张幻灯片中的内容区域文字自动拆分为 2 张幻灯片进行展示。

完成任务：

步骤 1：选中第 7 张幻灯片，单击【视图】选项卡下的【演示文稿视图】组中的"大纲视图"按钮，切换至大纲视图。如图 16－2 所示。

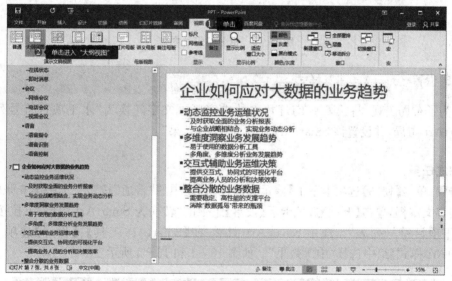

图 16－2　大纲视图

　　步骤 2：先将光标定位到大纲视图中"多角度、多维度分析业务发展趋势"文字的后面，然后找到【开始】选项卡下【段落】组中的"降低列表级别"按钮，在单击的同时按下 Enter 键，即可在第 7 张幻灯片的下方出现新的幻灯片。

　　步骤 3：将第 7 张幻灯片中的标题，复制粘贴到新的幻灯片的标题文本框中，并保留源格式。如图 16－3 所示。

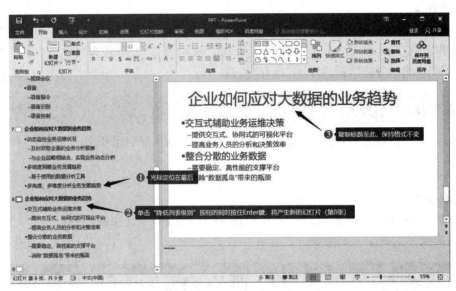

图 16‐3　拆分幻灯片内容

任务 3：设置 SmartArt 图形样式

　　为了布局美观，将第 6 张幻灯片中的内容区域文字转换为"水平项目符号列表"
SmartArt 布局，并设置该 SmartArt 样式为"中等效果"。

完成任务：

　　步骤：单击【视图】选项卡下的【演示文稿视图】组中的"普通"按钮。选中第 6 张幻灯片
中的内容文本框，单击【开始】选项卡下【段落】组中的"转换为 SmartArt 图形"下拉按钮，选
择"水平项目符号列表"。选中 SmartArt 图形，在【SmartArt 工具】|【设计】选项卡下的
【SmartArt 样式】组中选择"中等效果"。如图 16‐4 和 16‐5 所示。

图 16‐4　设置"水平项目符号列表"

图 16-5　设置"中等效果"

任务 4:插入图表

在第 5 张幻灯片中插入一个标准折线图,并按照如下数据信息调整 PowerPoint 中的图表内容:

	笔记本电脑	平板电脑	智能手机
2010 年	7.6	1.4	1.0
2011 年	6.1	1.7	2.2
2012 年	5.3	2.1	2.6
2013 年	4.5	2.5	3
2014 年	2.9	3.2	3.9

完成任务:

步骤:选中第 5 张幻灯片,在该幻灯片中单击文本框中的"插入图表"按钮,在打开的"插入图表"对话框中选择"折线图",单击"确定"按钮,将会打开 Excel。根据题意要求向表格中输入相应内容,关闭 Excel 后,即可插入一个折线图,如图 16-6 所示。

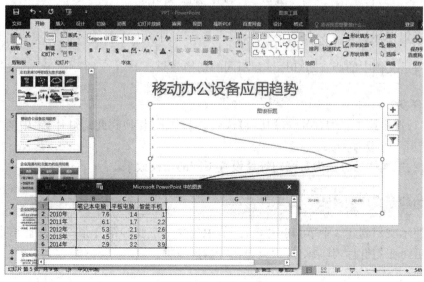

图 16-6　插入图表

任务 5：设置动画效果

为该折线图设置"擦除"进入动画效果，效果选项为"自左侧"，按照"系列"逐次单击显示"笔记本电脑""平板电脑"和"智能手机"的使用趋势。最终仅在该幻灯片中保留这3 个系列的动画效果。

完成任务：

步骤 1：选中折线图，单击【动画】选项卡下【动画】组中的"其他"下拉按钮，在下拉列表中选择"擦除"效果。

步骤 2：单击【动画】组中的"效果选项"下拉按钮，选择"自左侧"。

步骤 3：单击【动画】组的扩展按钮，在弹出的"擦除"对话框中切换到"图表动画"选项卡，单击"组合图表"下拉按钮，选择"按系列"，取消选中"通过绘制图表背景启动动画效果"复选框，单击"确定"按钮。如图 16-7 所示。

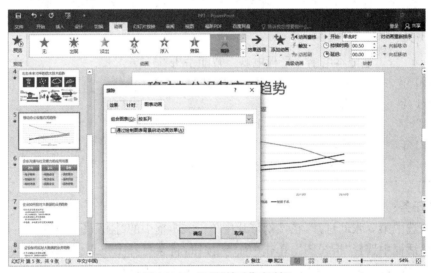

图 16-7　设置"擦除"对话框

任务 6：设置切换效果

为演示文档中的所有幻灯片设置不同的切换效果。

完成任务：

步骤 1：选中第 1 张幻灯片，在【切换】选项卡下单击【切换到此幻灯片】组中的"其他"下拉按钮，选择一个切换效果。

步骤 2：以同样的方法为每张幻灯片设置不同的切换效果。

任务 7：为演示文稿创建节

为演示文档创建 3 个节，其中"议程"节中包含第 1 张和第 2 张幻灯片，"结束"节中包含最后 1 张幻灯片，其余幻灯片包含在"内容"节中。

完成任务:

步骤 1: 在左侧的幻灯片视图中,将光标定位在第一张幻灯片上方空白区域,右键单击,选择"新增节",右击"无标题节",选择"重命名节"命令,在弹出的"重命名节"对话框中输入节名称"议程",单击"重命名"按钮。如图 16-8 所示。

步骤 2: 按照同样的方法创建其他节。

图 16-8 设置"节"

任务 8:设置自动放映时间

为了实现幻灯片可以自动放映,设置每张幻灯片的自动放映时间不少于 2 秒钟。

完成任务:

步骤 1: 选中一张幻灯片,在【切换】选项卡下【计时】组中勾选"设置自动换片时间"复选框。"单击鼠标时"复选框可取消勾选,也可不取消勾选,并在文本框中输入时间为 00:03.00。

步骤 2: 按照同样的方法设置其他幻灯片的自动换片时间。

任务 9:删除备注信息

删除演示文档中每张幻灯片的备注文字信息。

完成任务:

步骤 1: 单击【文件】选项卡【信息】中的"检查问题"下拉按钮,选择"检查文档",在弹出的"文档检查器"对话框中,确认勾选"演示文稿备注"复选框,单击"检查"按钮。

步骤 2: 在"审阅检查结果"中,单击"演示文稿备注"对应的"全部删除"按钮,即可删除全部备注文字信息,关闭对话框。如图 16-9 所示。

步骤 3: 保存并关闭文件。

图 16-9 删除备注信息

科技兴国

量子计算机九章

"九章"是中国科学技术大学潘建伟团队与中科院上海微系统所、国家并行计算机工程技术研究中心合作,成功构建76个光子的量子计算原型机,求解数学算法高斯玻色取样只需200秒。这次突破历经20年,主要攻克高品质光子源、高精度锁相、规模化干涉三大技术难题。这使我国成为全球第二个实现"量子优越性"的国家,是里程碑式的突破。

2019年9月,美国谷歌公司推出53个量子比特的计算机"悬铃木",对一个数学算法的计算只需200秒,而当时世界最快的超级计算机"顶峰"需2天,实现了"量子优越性"。

2020年,当求解5000万个样本的高斯玻色取样时,实验数据显示,"九章"需200秒,而目前世界最快的超级计算机"富岳"需6亿年。等效来看,"九章"的计算速度比"悬铃木"快100亿倍,并弥补了"悬铃木"依赖样本数量的技术漏洞。

量子计算是在信息学里的一种应用,比如信息分为采集、传输、处理,量子计算就是利用量子力学的原理或者量子态的特性,使信息处理能力得到提升的一种计算方法。利用量子态的状态进行信息的编码、信息的处理、信息的读取,这就是量子计算。

量子计算机就是可以完成量子计算任务的机器。当然,不要认为量子计算机就只是硬件。现在的计算机要能够运行得起来,依然需要各种层面上的软件,最直观的就是操作系统、应用软件等,所以量子计算机应该是指能够实现量子计算的软硬件的统称。

项目 17　设计"天河二号"超级计算机简介文稿

17.1　学习目标

李老师希望制作一个关于"天河二号"超级计算机的演示文档,用于扩展学生课堂所学的计算机知识。根据项目文件夹下"PPT 素材. docx"及相关图片文件素材,帮助李老师完成此项工作。

完成后的效果如图 17-1 所示。

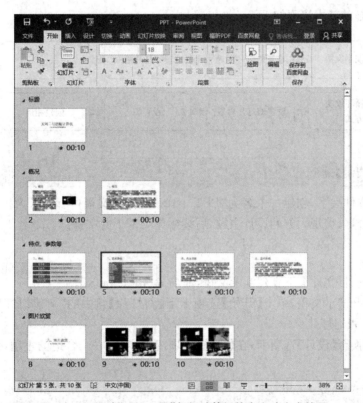

图 17-1　设计"天河二号"超级计算机简介文稿完成效果

本项目涉及知识点:新建演示文稿;设置幻灯片标题;设置幻灯片版式;设置 SmartArt 图形;创建相册;设置节;设置幻灯片母版;设置循环放映方式。

17.2　相关知识

1. 幻灯片母版

若要使所有的幻灯片包含相同的字体和图像(如图标),在一个位置中便可以进行这些更改,即幻灯片母版,而这些更改将应用到所有幻灯片中。若要打开"幻灯片母版"视图,请在"视图"选项卡上选择"幻灯片母版"。母版幻灯片是窗口左侧缩略图窗格中最上方的幻灯片。与母版版式相关的幻灯片显示在此母版幻灯片下方。

2. 幻灯片版式

幻灯片版式包含幻灯片上显示的所有内容的格式、位置和占位符框。占位符是幻灯片版式上的虚线容器,其中包含标题、正文文本、表格、图表、SmartArt 图形、图片、剪贴画、视频和声音等内容。幻灯片版式还包含幻灯片的"颜色"、"字体"、"效果"和"背景",整体称为主题。

17.3 项目实施

本项目实施的基本流程如下:

【微信扫码】
项目微课

任务 1:新建演示文稿

在项目文件夹下,创建一个名为"PPT. pptx"的演示文稿(". pptx"为扩展名),并应用一个色彩合理、美观大方的设计主题,后续操作均基于此文件。

完成任务:
步骤 1:在项目文件夹下新建演示文稿,命名为"PPT. pptx"。
步骤 2:打开演示文稿,单击【开始】选项卡下【幻灯片】组中的"新建幻灯片"按钮,重复操作,共新建 7 张幻灯片。
步骤 3:切换至【设计】选项卡,在【主题】选项组中,应用一个合适的主题,例如,选择"环保"主题。

任务 2:设置幻灯片标题

第 1 张幻灯片为标题幻灯片,标题为"天河二号超级计算机",副标题为"——2014 年再登世界超算榜首"。

完成任务:
步骤 1:选择第 1 张幻灯片,切换至【开始】选项卡,在【幻灯片】组中单击"版式"下拉按钮,选择"标题幻灯片"。
步骤 2:在幻灯片的标题文本框中输入"天河二号超级计算机",副标题文本框中输入"——2014 年再登世界超算榜首",可直接复制素材中的内容。

任务 3:设置幻灯片版式

　　第 2 张幻灯片应用"两栏内容"版式,左边一栏为文字,右边一栏为图片,图片为素材文件"Image1. jpg"。

完成任务:

步骤 1:选择第 2 张幻灯片,在【开始】选项卡,在【幻灯片】组中将单击"版式"下拉按钮,选择"两栏内容"。

步骤 2:复制粘贴"PPT 素材. docx"文件内容到幻灯片左边一栏,将素材中的黄底文字复制粘贴到标题中,粘贴时请删除多余的空格。

步骤 3:在右边文本框中单击"图片"按钮,在弹出的"插入图片"对话框中选择项目文件夹下的"Image1. jpg",单击"插入"按钮。

任务 4:设置 SmartArt 图形

　　第 3～7 张幻灯片均为"标题和内容"版式,"PPT 素材. docx"文件中的黄底文字即为相应幻灯片的标题文字。将第 4 张幻灯片的内容设为"垂直块列表"SmartArt 图形对象,"PPT 素材. docx"文件中红色文字为 SmartArt 图形对象一级内容,蓝色文字为 SmartArt 图形对象二级内容。为该 SmartArt 图形设置组合图形"逐个"播放动画效果,并将动画的开始时间设置为"上一动画之后"。

完成任务:

步骤 1:按照任务 2 中的步骤 1 将第 3、4、5、6、7 张幻灯片的版式均设置为"标题和内容"。

步骤 2:在每张幻灯片中复制粘贴素材中对应的文字,注意删除多余空格。

步骤 3:选中第 4 张幻灯片,按照题目要求分行,鼠标定位在"高性能"后删除逗号并按 Enter 键,删除"新的世界纪录"后的分号。选中内容文本框中第 2 行文字,单击【开始】选项卡下【段落】组中的"提高列表级别"按钮,设置其为二级文本。如图 17 - 2 所示。

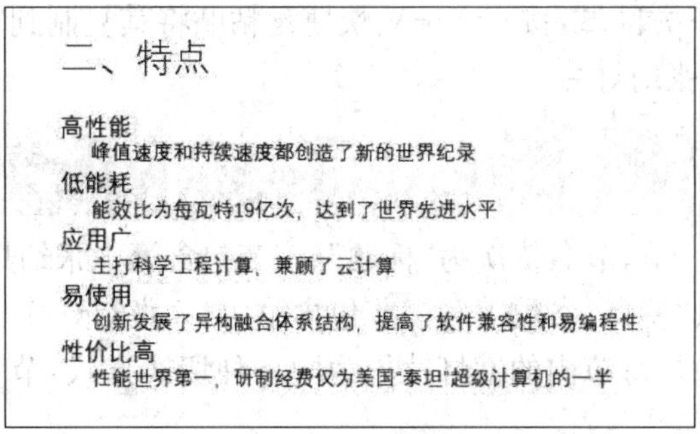

二、特点

高性能
　　峰值速度和持续速度都创造了新的世界纪录
低能耗
　　能效比为每瓦特19亿次,达到了世界先进水平
应用广
　　主打科学工程计算,兼顾了云计算
易使用
　　创新发展了异构融合体系结构,提高了软件兼容性和易编程性
性价比高
　　性能世界第一,研制经费仅为美国"泰坦"超级计算机的一半

图 17 - 2　设置"提高列表级别"

步骤 4:按照同样的方法将其余行文本分为两行并删除多余的符号。

步骤 5:选中整个内容文本框中的文字,单击【开始】菜单下【段落】选项卡中的"转换为

SmartArt 图形"下拉按钮,选择"其他 SmartArt 图形"。在弹出的对话框中选择"列表"中的"垂直块列表",单击"确定"按钮。如图 17-3 所示。

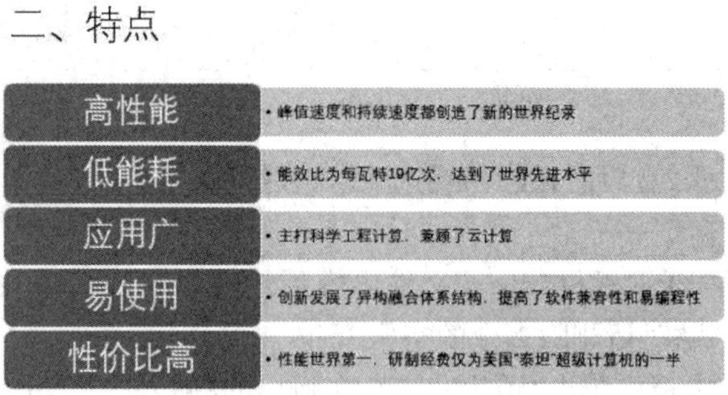

二、特点

图 17-3 设置"垂直块列表"

步骤 6:选中 SmartArt 图形,在【动画】选项卡下的【动画】组中选择"飞入",单击"效果选项"下拉按钮,选择"逐个",在【计时】组中设置"开始"为"上一动画之后"。

任务 5:创建相册

利用相册功能为项目文件夹下的"Image2. jpg"～"Image9. jpg"8 张图片创建相册幻灯片,要求每张幻灯片 4 张图片,相框的形状为"居中矩形阴影",相册标题为"六、图片欣赏"。将该相册中的所有幻灯片复制到"PPT. pptx"文档的第 8～10 张。

完成任务:

步骤 1:切换至【插入】选项卡下的【图像】选项组中,单击【相册】下拉按钮,选择【新建相册】命令,弹出相册对话框,单击"文件/磁盘"按钮,选择"Image2. jpg"至"Image9. jpg"项目文件,单击"插入"按钮,将"图片版式"设为"4 张图片""相框形状"设为"居中矩形阴影",单击"创建"按钮。

步骤 2:将标题"相册"更改为"六、图片欣赏",选中第 1 张幻灯片,按 Ctrl+A 快捷键,选中所有幻灯片,按 Ctrl+C 快捷键复制,切换到"PPT. pptx"文件中,在左侧幻灯片视图中,单击第七张幻灯片下方区域,按 Ctrl+V 快捷键粘贴将其复制到"PPT. pptx"中,使用目标主题,成为第 8,9,10 张幻灯片。

任务 6:设置节

将演示文稿分为 4 节,节名依次为"标题"(该节包含第 1 张幻灯片)、"概况"(该节包含第 2～3 张幻灯片)、"特点、参数等"(该节包含第 4～7 张幻灯片)、"图片欣赏"(该节包含第 8～10 张幻灯片)。每节内的幻灯片均为同一种切换方式,节与节的幻灯片切换方式不同。

完成任务:

步骤 1:在第 1 张幻灯片上方,单击鼠标右键,选择"新增节",弹出"重命名节"对话框,输入"标题",单击"重命名"按钮。

步骤 2:按照相同的方法设置其他节。

步骤 3:选中第一节,单击【切换】选项卡,在【切换到此幻灯片】组中选择一种切换方式,按照同样的方法为每一节设置不同的切换方式。

任务 7:设置幻灯片母版

除标题幻灯片外,其他幻灯片均包含页脚且显示幻灯片编号。所有幻灯片中除了标题和副标题,其他文字字体均设置为"微软雅黑"。

完成任务:

步骤 1:切换到【插入】选项卡,单击【文本】选项组中"页眉和页脚"按钮,弹出"页眉和页脚"对话框,在【幻灯片】选项卡中,勾选"幻灯片编号"和"标题幻灯片中不显示"复选框,单击"全部应用"按钮。如图 17-4 所示。

图 17-4　设置"页眉和页脚"对话框

步骤 2:单击【视图】选项卡下的【母版视图】组中的"幻灯片母版"按钮,选择第 1 张幻灯片,选中内容文本框,在【开始】选项卡下的【字体】组中单击"字体"下拉按钮,选择"微软雅黑"。如图 17-5 所示。

步骤 3:选中第 2 张幻灯片也就是母版视图中的幻灯片版式为标题幻灯片中的副标题文本框,单击【字体】组中的"字体"下拉按钮,选择"宋体",使其不是"微软雅黑"。如图 17-6 所示。

步骤 4:切换到【幻灯片母版】选项卡,在【关闭】选项组中单击"关闭母版视图"按钮。

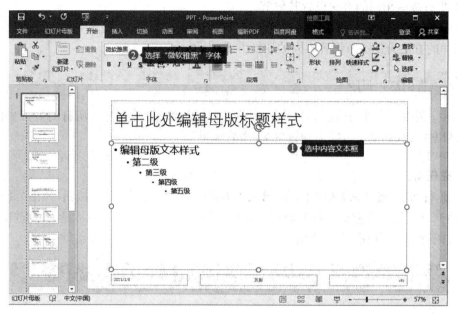

图 17‑5 设置内容文本框字体

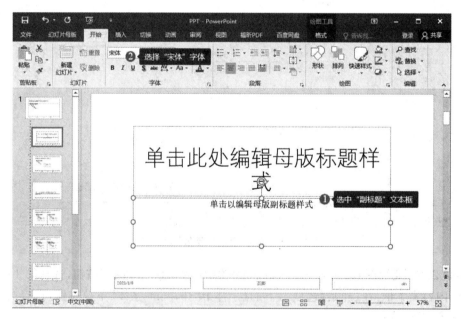

图 17‑6 设置副标题文本框字体

任务 8:设置循环放映方式

设置该演示文档为循环放映方式,如若不单击鼠标,则每页幻灯片放映 10 秒钟后自动切换至下一张。

完成任务:

步骤 1:在【幻灯片放映】选项卡下,单击【设置】组中的"设置幻灯片放映"按钮,在弹出的对话框中选中"循环放映,按 ESC 键终止"复选框,单击"确定"按钮。如图 17-7 所示。

　　步骤 2:选中第一节"标题",单击【切换】选项卡,在【计时】组中,勾选"设置自动换片时间"复选框,并将其持续时间设为 10 秒(00:10.00),按同样的步骤设置其他节幻灯片,设置时只需要选中节名,即可为该节下的幻灯片设置统一的切换时间。如图 17-8 所示。

　　步骤 3:保存并关闭文件。

图 17-7　设置幻灯片放映　　　　　图 17-8　设置自动换片时间

科技兴国

"硅-石墨烯-锗晶体管"研发成功

　　硅-石墨烯-锗晶体管是由中国科学家制备的,以肖特基结作为发射结的垂直结构的石墨烯基区晶体管。2019 年 10 月 25 日,中国科学院金属所沈阳材料科学国家研究中心先进炭材料研究部科研人员在《自然·通讯》(Nature Communications)上在线发表了题为《垂直结构的硅-石墨烯-锗晶体管》(A Vertical Silicon-graphene-germanium Transistor)的研究论文。科研人员首次制备出以肖特基结作为发射结的垂直结构的硅-石墨烯-锗晶体管,成功将石墨烯基区晶体管的延迟时间缩短了 1 000 倍以上,可将其截止频率由兆赫兹(MHz)提升至吉赫兹(GHz)领域,并在未来有望实现工作于太赫兹(THz)领域的高速器件。

　　石墨烯材料是重量更轻、体积更小的复合材料,可广泛应用于武器防弹系统、防弹头盔、防弹衣;民用充电技术领域。硅-石墨烯-锗晶体管的成功研发代表了我们中国在这一尖端科技领域位于世界之巅。

项目 18　制作会议精神宣讲文稿

18.1　学习目标

本次政府工作报告亮点众多,精彩纷呈,为了更好地宣传大会主旨,新闻编辑小李需要制作一个演示文稿,请根据项目文件夹下"PPT 素材.docx"中的内容及其相关图片文件,帮助小王完成该演示文稿的制作。

完成后的效果如图 18－1 所示。

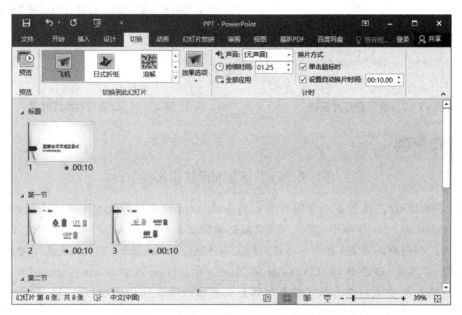

图 18－1　制作会议精神宣讲文稿完成效果

本项目涉及知识点:设置节;设置幻灯片主题;设置标题和副标题;设置动画效果;设置图片样式;设置 SmartArt 图形;设置页眉和页脚;设置幻灯片放映方式。

18.2　相关知识

1. SmartArt 图形

SmartArt 图形是信息和观点的视觉表现形式。可以通过选择适合消息的版式来进行创建。一些版式(例如组织结构图或维恩图)用于展现特定类型的信息,而其他版式只是增强项目符号列表的外观。为 SmartArt 图形选择版式时,自问一下需要传达什么信息以及是否希望信息以某种特定方式显示。在该过程中,创建 SmartArt 图形时系统会提示选择一种类型,如"流程""层次结构"或"关系"。类型类似于 SmartArt 图形的类别,并且每种类型包含几种不同版式。

2. 幻灯片主题和模板的区别

主题是一组预定义的颜色、字体和视觉效果,可应用于幻灯片以实现统一专业的外观。通过使用主题,你可以轻松赋予演示文稿和谐的外观。例如,将图形(表格,形状等)添加到幻灯片时,PowerPoint 将应用与其他幻灯片元素兼容的主题颜色;深色文本显示在浅色背景上(反之亦然),因此对比度很强,易于阅读。

模板是主题以及一些特定用途的内容,例如销售演示文稿、业务计划或课堂课程。模板具有可以协同工作的设计元素(颜色、字体、背景、效果)和样本内容,可以增加这些内容来突出表现您的内容。可以创建、存储、重复使用以及与他人共享自己的自定义模板。

【微信扫码】
项目微课

18.3　项目实施

本项目实施的基本流程如下:

任务 1:设置节和主题

演示文稿共包含八张幻灯片,分为 5 节,节名分别为"标题、第一节、第二节、第三节、致谢",各节所包含的幻灯片页数分别为 1、2、3、1、1 张;每一节的幻灯片设为同一种切换方式,节与节的幻灯片切换方式均不同;为幻灯片应用恰当的主题。在项目文件夹下,将演示文稿保存为"PPT.pptx"(".pptx"为扩展名),后续操作均基于此文件。

完成任务:

步骤 1: 在项目文件夹下新建一个演示文稿,命名为"PPT.pptx"。

步骤 2: 打开演示文稿,在【开始】选项卡下【幻灯片】组中单击"新建幻灯片"下拉按钮,选择"标题幻灯片"。以同样的方法再新建 7 张版式为"标题和内容"的幻灯片。

步骤 3: 选中第 1 张幻灯片的上方,在【开始】选项卡下,单击【幻灯片】组中的"节"下拉按钮,选择"新增节"。在弹出的对话框中输入"节名称"为"标题",单击"重命名"按钮。

步骤 4: 以同样的方法新建其他节。

步骤 5: 选中标题节幻灯片,单击【切换】选项卡下【切换到此幻灯片】组中的"其他"下拉按钮,选择一种切换效果。

步骤 6: 以同样的方法为其他节设置不同的切换效果。

步骤 7: 按 Ctrl+A 快捷键选中所有幻灯片,在【设计】选项卡中,单击【主题】组中的"其他"下拉按钮,选择合适的主题。如图 18-2 所示。

图 18 - 2　选择合适的主题

任务 2：设置标题和副标题

第 1 张幻灯片为标题幻灯片，标题为"图解今年施政要点"，字号不小于 40；副标题为"2015 年两会特别策划"，字号为 20。

完成任务：

步骤 1：选中第 1 张幻灯片，在标题文本框中输入"图解今年施政要点"，在副标题文本框中输入"2015 年两会特别策划"。

步骤 2：选中标题文字，在【开始】选项卡下单击【字体】组中的"字号"下拉按钮，选择数值"60"，以同样的方法设置副标题字号为数值"28"。

任务 3：插入图片

"第一节"下的两张幻灯片，标题为"一、经济"，展示项目文件夹下"Eco1.jpg"至"Eco6.jpg"的图片内容，每张幻灯片包含 3 幅图片，图片在锁定纵横比的情况下高度不低于 125px；设置第一张幻灯片中 3 幅图片的样式为"剪去对角，白色"，第二张中 3 幅图片的样式为"棱台矩形"；设置每幅图片的进入动画效果为"上一动画之后"。

完成任务：

步骤 1：单击第 2 张幻灯片，在标题文本框中输入"一、经济"。

步骤 2：单击内容文本框中的"图片"按钮，在弹出的对话框中，按住 Ctrl 键，同时选中考生文件夹下的"Eco1.jpg""Eco2.jpg"和"Eco3.jpg"，单击"插入"按钮。

步骤 3：选中插入的 3 张图片，单击【图片工具】|【格式】下的"大小"扩展按钮，在幻灯片右侧弹出的窗格中，确认勾选"锁定纵横比"复选按钮，设置高度为大于或等于 5 厘米，单击关闭按钮。

步骤 4:在【图片样式】组中单击"其他"下拉按钮,选择"剪去对角,白色"。

步骤 5:按顺序选择图片,在【动画】选项卡中,单击【动画】组中的"其他"下拉按钮,选择一种动画效果,如飞入。在【计时】组中单击"开始"下拉按钮,选择"上一动画之后",同样的方式为其他图片设置动画效果。

步骤 6:适当调整图片位置(上 2 下 1),并按照同样的方法设置第 3 张幻灯片(图片样式为棱台矩形)。如图 18-3 所示。

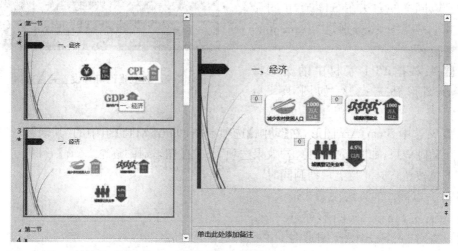

图 18-3　设置"第一节"下的 2 张幻灯片

任务 4:设置动画效果

　　"第二节"下的三张幻灯片,标题为"二、民生",其中第一张幻灯片内容为项目文件夹下"Msl. jpg"至"Ms6. jpg"的图片,图片大小设置为 100px(高) * 150px(宽),样式为"居中矩形阴影",每幅图片的进入动画效果为"上一动画之后";在第二、三张幻灯片中,利用"垂直图片列表"SmartArt 图形展示"PPT 素材. docx"中的"养老金"到"环境保护"七个要点,图片对应"Icon1. jpg"至"Icon7. jpg",每个要点的文字内容有两级,对应关系与素材保持一致。要求第二张幻灯片展示 3 个要点,第三张展示 4 个要点;设置 SmartArt 图形的进入动画效果为"逐个""与上一动画同时"。

完成任务:

步骤 1:选中第 4 张幻灯片,在标题文本框中输入"二、民生"。单击内容文本框中的"图片"按钮,在弹出的对话框中,按住 Ctrl 键,同时选中项目文件夹下的"Ms1. jpg"至"Ms6. jpg",单击"插入"按钮。选中插入的 6 张图片,单击【图片工具】|【格式】选项卡下的"大小"扩展按钮,在幻灯片右侧弹出的窗格中,取消勾选"锁定纵横比"复选按钮,高度设置为 4 厘米,宽度设置为 6 厘米,单击关闭按钮。适当调整图片的位置(上下各 3 张)。选中插入的六张图片,在【图片样式】组中单击"其他"下拉按钮,选择"居中矩形阴影"。在【动画】选项卡中,单击【动画】组中的"其他"下拉按钮,为每一张图片设置一种动画效果,如劈裂。在【计时】组中单击"开始"下拉按钮,选择"上一动画之后"。

步骤 2:选中第 5 张幻灯片,在标题文本框中输入"二、民生"。在内容文本框中单击插入 SmartArt 图形按钮,在弹出的对话框中选择"垂直图片列表",单击"确定"按钮。

步骤 3:在 SmartArt 图形的文本框中,按照相关要求输入内容。单击 SmartArt 图形左侧的图片,在弹出的"插入图片"对话框中单击"从文件"中的"浏览"按钮,选择项目文件夹下的图片"Icon1.jpg",单击插入按钮。以同样的方法在 SmartArt 图形中插入其他两张图片,分别是"Icon2.jpg"和"Icon3.jpg"。

图 18-4　第五张幻灯片设置完整效果

步骤 4:根据 PPT 素材中的文本将 SmartArt 图形补充完整,如图 18-4 所示。

步骤 5:选中 SmartArt 图形,在【动画】选项卡中,单击【动画】组中的"其他"下拉按钮,选择一个动画效果,如"浮入"。单击"效果选项"下拉按钮,选择"逐个"。在【计时】组中单击"开始"下拉按钮,选择"与上一动画同时"。

步骤 6:以同样的方法在第 6 张幻灯片中插入 SmartArt 图形并进行相关设置,插入 SmartArt 图形时默认只有三个形状,此时选中一个形状,在【SmartArt 工具】|【设计】选项卡下,单击【创建图形】组中的"添加形状"下拉按钮,选择"在后面添加形状",即可将 SmartArt 图形设置为 4 个形状,用于展示 4 个要点,并按步骤 5 设置的动画效果。如图 18-5 所示。

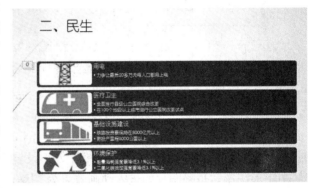

图 18-5　第六张幻灯片设置完整效果

任务 5:设置 SmartArt 图形

"第三节"下的幻灯片,标题为"三、政府工作需要把握的要点",内容为"垂直框列表"SmartArt 图形,对应文字参考项目文件夹下"PPT 素材.docx"。设置 SmartArt 图形的进入动画效果为"逐个""与上一动画同时"。

完成任务:

步骤 1:选中第 7 张幻灯片,将 PPT 素材中对应的文字复制粘贴到幻灯片中,删除多余的空格与字符。

步骤 2:选中内容文本框内的文字,右击鼠标,选择"转换为 SmartArt",单击"其他 SmartArt 图形",弹出对话框,选择"垂直框列表",单击"确认"按钮。

步骤 3:选中 SmartArt 图形,单击【动画】选项卡下【动画】组中的"其他"按钮,选择合适的动画效果,如"飞入",单击"效果选项"下拉按钮,选择"逐个"。单击【计时】组中的"开始"

下拉按钮,选择"与上一动画同时"。如图 18-6 所示。

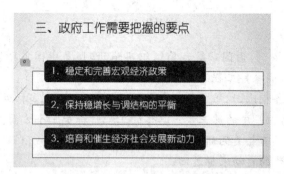

图 18-6　设置 SmartArt 图形

任务 6:设置图片样式

　　"致谢"节下的幻灯片,标题为"谢谢!",内容为项目文件夹下的"End. jpg"图片,图片样式为"映像圆角矩形"。

完成任务:
步骤 1:选中第 8 张幻灯片,在标题文本框中输入"谢谢"。
步骤 2:单击内容文本框中的"图片"按钮,弹出对话框,找到项目文件夹下的图片"End. jpg",单击"插入"按钮。
步骤 3:选中图片,单击"图片工具|格式"选项卡下"图片样式"组中的"其他"按钮,选择"映像圆角矩形"。

任务 7:设置页眉和页脚

　　除标题幻灯片外,在其他幻灯片的页脚处显示页码。

完成任务:
步骤:单击【插入】选项卡,在【文本】组中单击"页眉和页脚"按钮。在弹出的"页眉和页脚"对话框中,勾选"幻灯片编号"和"标题幻灯片中不显示"复选框,单击"全部应用"按钮。

任务 8:设置幻灯片放映方式

　　设置幻灯片为循环放映方式,每张幻灯片的自动切换时间为 10 秒钟。

完成任务:
步骤 1:单击【幻灯片放映】选项卡,在【设置】组中单击"设置幻灯片放映"按钮,在弹出的文本框中选择"循环放映,按 ESC 键终止"复选框,单击"确定"按钮。
步骤 2:选中"标题"节,在【切换】选项卡中,勾选"设置自动换片时间"复选框,并将时间设置为 10 秒(00:10.00),按照同样的方法设置其他节幻灯片。
步骤 3:保存并关闭文件。

科技兴国

嫦娥五号

嫦娥五号(Chang'e 5),由国家航天局组织实施研制,是中国首个实施无人月面取样返回的月球探测器,为中国探月工程的收官之战。

与前几次探月任务相比,嫦娥五号任务最重要的目标就是"采样返回"。这也是中国"探月工程"规划的"绕、落、回"中的第三步。具体的工程目标是三个方面:

一是突破跟采样返回相关的新的一些关键技术;

二是实现地外天体的自动采样返回;

三是进一步完善探月工程体系,为载人登月和深空探测奠定一定的人才、技术和物质基础。

嫦娥五号执行此次任务有着非常重要的意义。这次任务有望实现我国开展航天活动以来的四个"首次":首次在月球表面自动采样;首次从月面起飞;首次在 38 万千米外的月球轨道上进行无人交会对接;首次带着月壤以接近第二宇宙速度返回地球。

拓展模块

第四部分　远程协作办公应用

随着信息技术的迅猛发展，经济全球化的浪潮呼啸而来。越来越多的企业为了适应新经济时代的生存环境，开始精简机构、提高工作效率和降低办公成本，远程办公也将越来越普及。

远程办公分为"远程"和"办公"两个部分，是利用现代互联网技术实现非本地办公（异地办公、移动办公等）的一种新型办公模式。虽然远程办公目前来看还是一种比较新颖的工作模式，但无论员工还是公司，都会从远程办公中获益。

理论上，绝大多数行业和公司可以远程办公，除了那些必须面对面沟通的行业以外。例如制造业员工必须现场操作；又如线下培训，老师必须手把手教授技能。目前来看，以下几个行业比较适合远程办公。例如：计算机/IT、线上教育培训、艺术设计、写作、翻译、会计、销售、测评、咨询和医疗等。

本部分主要给出几个不同行业的远程办公方案和典型应用，具体方案的实施，请扫项目微课二维码。

项目 19　制订市场客户经理的远程办公方案

随着人们工作性质的改变,远程办公成为许多公司开始尝试使用的一种工作模式。而智能手机功能的不断扩展,使人们利用手机就能实现远程办公。手机远程办公可以节省每天的通勤时间,实现办公地点自由。如果懂得借助一些应用软件来搭建一个舒适的办公环境,还可以大大提高办公效率。

19.1　学习目标

日常在办公室上班时使用的互联网工具有微信、QQ、电子邮箱、网盘储存等,有些团队还会使用钉钉、飞书等团队型工具,这些工具在传统办公室工作时就已经用到了。

而远程办公,意味着每个人身处的空间不一样,为了维持团队的沟通和协作,成员需要进行视频会议、任务进度交流等。

19.2　相关知识

远程办公在企业中已经被广泛采用,而手机远程办公也随着智能手机功能的扩展而受到关注。许多科技公司推出了不同特色、不同功能的手机远程办公应用软件。根据其功能的不同,应用市场中的手机软件分为 5 类:即时通信类、文档协作类、视频会议/远程面试类、任务管理类、文件传输类,如图 19-1 所示。

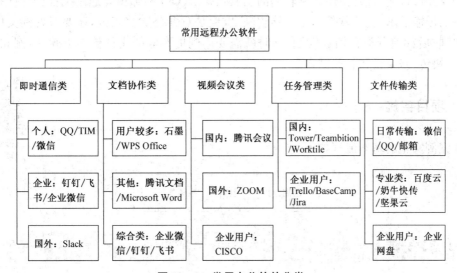

图 19-1　常用办公软件分类

1. 即时通信类

国内常用的即时通信类工具主要有腾讯公司旗下的 QQ、TIM、微信这 3 款软件,由于远程办公的需求增加,专门服务于企业团队的钉钉、飞书、企业微信等软件的用户也在不断增加。国外团队交流使用频率较高的沟通软件有 Slack。

2. 文档协作类

文档协作类软件的主要功能基本相同,例如支持多人实时协作,保存文档的不同历史版本(即使没有保存也可以从历史记录中找回最初的文档版本),支持在线收集数据并汇总,可添加评论等。

目前市场用户较多、使用体验比较好的文档协作类软件主要有石墨文档、WPS Office 等,腾讯文档可嵌入腾讯软件,因此也有一定用户量,国外还有 Microsoft Word 以及综合类应用。

3. 视频会议/远程面试类

视频会议类软件的基本功能应包括多人视频/语音通话、屏幕共享、电话接入会议、多平台兼容(甚至可通过浏览器直接进入会议,无须安装软件),还有最重要的信息安全保障服务。

目前在视频会议功能方面比较出色的软件主要有以下 3 款:腾讯会议、ZOOM 和 CISCO。

4. 任务管理类

任务管理类软件的主要作用是使项目或工作任务更有序地推进,明确每一个成员的工作任务及内容,成员能够清晰地知道团队内的任务具体进行到哪一个阶段,管理者能够随时了解项目的进度并在 App 内做出指示,而且很好地解决了团队成员之间异时交流的问题,对团队协作效率的提升有很大帮助。

目前在任务管理功能方面比较出色的软件主要有 Tower、Teambition、Worktile、Trello、BaseCamp 和 Jira。

5. 文件传输类

提及文件传输,日常使用频率较高的仍然是微信、QQ 和邮箱等通用类社交软件。如果是单一的传输需求,这些软件基本上能够满足,但是对办公文档来说,还要考虑到文件数据较大、接收后如何分类存档等问题,这时就需要用到更专业的文件传输类软件,例如:百度云、奶牛快传、坚果云和企业网盘。

19.3 项目实施

【微信扫码】
项目微课

本案例实施的基本流程如下:

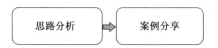

任务 1:思路分析

完成任务:

基于对手机远程办公软件的基本认识之后,下面就根据需求来挑选符合要求的办公软件。

步骤 1:先理清自己的工作内容。想要快速找到满足自己办公需求的软件,首先要对自己的工作内容有一个全面的认识。可以用列表的方式列出自己的日常工作内容。

步骤 2:拆分每项工作内容所需的步骤。列出工作内容后,针对每一项工作内容再仔细分析其工作步骤,对照每一个工作步骤列出所需要的办公软件。

软件并不能帮我们直接完成工作任务,它只能帮我们完成工作中的某些步骤。其中步骤简单的工作,例如"通知部门同事开会",使用独立软件就可以完成;而步骤复杂的工作,可能需要用到多个软件才能完成。

步骤 3:整合所需的办公软件。对应每一项工作内容的步骤,列出每一个步骤需要的办公软件,然后把功能重复的软件去掉,再把自己的工作内容规划到每一个办公软件,属于自己的手机办公系统就基本完成了。

任务 2:市场客户经理的日常办公

完成任务:

步骤 1:小 A 的工作岗位是市场客户经理,日常的工作内容主要包括以下方面,如图 19 - 2 所示。

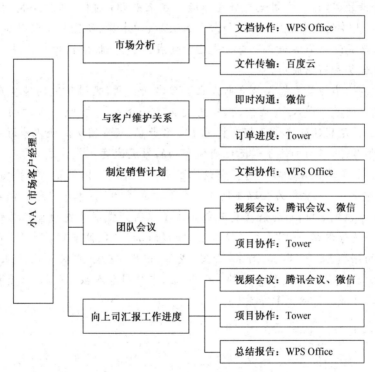

图 19 - 2　市场客户经理远程办公方案

步骤 2:针对每项工作内容列出其工作步骤。以市场分析为例,通过分析这项工作的步骤,发现完成任务需要收集市场资料、汇总销售数据,最后整理成报告。Word 文档、Excel 报表、PPT 演示这三种功能都有可能使用到,收集资料时可能还需要分类存档,因此选择的软件还需要有文件夹分类的功能。

对比前文介绍的几款文档类软件,符合条件的有 WPS Office、腾讯文档,那么就可以从这二者中选择适用性最强的。如果需要进行大文件传输,那还会用到文件传输工具。依次把其他工作内容的步骤列出,并一一找到对应的办公软件,第二步就完成了。

步骤3:是把刚才列出的办公软件进行整合,并进行任务分配。把功能重复的软件删除后,小A需要用到的软件只有 WPS Office、百度云、微信、Tower 和腾讯会议。

通过这样的列表,不仅可以清晰地找到适合自己的办公软件,还能够把每一项工作都分配到对应的软件里执行,即使离开办公室也能保持有条不紊的工作状态。

科技兴国

华为技术有限公司

华为技术有限公司,成立于1987年,总部位于广东省深圳市龙岗区。是全球领先的信息与通信技术(ICT)解决方案供应商。华为的产品和解决方案已经应用于全球170多个国家,服务全球运营商50强中的45家及全球1/3的人口。

聚焦在ICT领域的关键技术、架构、标准等方向持续投入,致力于提供更宽、更智能、更高能效的零等待管道,为用户创造更好的体验。在未来5G通信,网络架构,计算和存储上持续创新,取得重要的创新成果,同时和来自工业界、学术界、研究机构的伙伴紧密合作,引领未来网络从研究到创新实施。还与领先运营商成立28个联合创新中心,把领先技术转化为客户的竞争优势和商业成功。

早在1999年,华为就已经在俄罗斯设立了数学研究所,吸引顶尖的俄罗斯数学家来参与华为的基础性研发。进入21世纪后,华为设立海外分支机构、吸引人才的力度进一步增大:设置在德国慕尼黑的研究所已拥有将近400名专家,研发团队本地化率近80%。

从2001年开始,华为加快了国际化研发布局的推进速度。美国是CDMA、数据通信和云计算的发源地,华为便在硅谷和达拉斯设立了两个研究所。欧洲是3G的发源地,爱立信是3G技术的领导者,为此华为在瑞典斯德哥尔摩设立了3G技术研究所。俄罗斯在无线射频领域居于世界领先地位,华为便在莫斯科建立了以射频技术开发为重点的研究所。华为在德国、瑞典斯德哥尔摩、美国达拉斯及硅谷、印度班加罗尔、俄罗斯莫斯科、日本、加拿大、土耳其、中国的深圳、上海、北京、南京、西安、成都、杭州、重庆、武汉等地设立了16个研究所。2015年,从事研究与开发的人员约79000名,占公司总人数45%。正是因为华为对研发的大力投入,才成就了今天的华为。

项目 20　策划某培训机构的远程办公方案

20.1　学习目标

　　教育培训是一项比较特殊的工作,与其他工作相比,教育培训更注重教师和学生之间的互动。教师需要在课堂上实时查看学生们的状态,随时调整授课节奏,而学生则希望在有疑问时能第一时间得到教师的解答。某培训机构有近百位员工,大致由三个部门组成:管理部(由校长和合伙人组成)、教学部(由授课教师组成)和市场部(由市场投放、课程顾问、销售人员组成)。现对该教育培训机构定制远程办公方案,主要以沟通和协作为主。

20.2　相关知识

　　该机构工作流程中的各环节详细内容如图 20-1 所示。

图 20-1　某培训机构的工作流程

- 销售人员进行推广:由市场投放人员和销售人员在线上及线下投放广告,发展客户。
- 收集意向名单:由于专业原因,市场投放人员和销售人员不具备与客户就课程进行深度沟通的能力,因此只需收集意向名单,由课程顾问来负责二次联系。
- 课程顾问跟进名单:课程顾问收到意向名单后与客户取得联系,从专业角度和客户进行沟通,并签订合同。
- 根据付费用户进行排课:签订合同后课程顾问根据当前付费用户进行排课,并安排教学部的教师进行授课。
- 教学部的教师进行授课:教学部的教师根据安排好的课程按时授课,并负责学生的作业辅导、问题答疑。

　　经过业务流分析,给出基于“钉钉＋ WPS Office＋百度网盘”的组合方案。不仅可以通过钉钉的群直播或视频会议功能实现远程教学,还能让整个合同签订的前后过程在 WPS Office 上得到展现。教师在使用 WPS 制作课件时就能和课程顾问就课程安排进行沟通,完全不需要用到其他软件或工具。百度网盘的超大容量也能很好地存储教学资料,随时分享。

【微信扫码】
项目微课

20.3　项目实施

本案例实施的基本流程如下：

通过钉钉进行沟通和管理　→　通过WPS Office进行排课和制作课件　→　通过百度网盘收发作业

任务1:通过钉钉进行沟通和管理

完成任务：

钉钉是集即时消息、短信、邮件、语音、视频等多种功能于一体的综合性软件,此外还能进行部门划分,实现考勤、审批等功能。

步骤1:钉钉进行视频教学。通过钉钉可以以群直播、视频会议、云课堂的方式实现远程教学,教师可以通过屏幕分享功能展示课件,然后通过"露脸"功能让学生在看课件时能看到教师,教师也能点击学生的窗口查看学生的当前观看状态。

步骤2:钉钉进行外部沟通。线下教学时可以通过开家长会或直接让学生转告家长的方式来实现沟通,但远程办公时却很难实现,即使用微信或 QQ 这些社交软件,也很难保证信息传达到位。而通过钉钉的 DING 功能,能快速实现信息传递,并确保不会有家长错过信息。通过管理好组织架构和学生家长们的通信录后,信息可以不用再层层传递,重要事务只需 DING 一下即可迅速传达给所有人。

步骤3:钉钉实现内部管理。除了沟通外,钉钉还可以对企业内部成员进行划分,并根据不同的部门设置不同的考勤组。例如,该教育培训机构,市场部员工的考勤方案可以灵活调整,而教学部的教师则按时打卡上下班即可,也可以根据具体的课程安排另行设置考勤计划,非常方便。

任务2:通过 WPS Office 进行排课和制作课件

完成任务：

步骤1:首先销售人员需要收集意向名单,然后由课程顾问进行二次沟通,最后确定付费用户并进行排课。在这个链条中"名单"是一直存在的工作文件,因此可以通过协作文档来进行编写。例如,在 WPS Office 中先由销售人员创建并填写意向名单,然后由课程顾问依次去联系,并将最终的结果写在后方,这样做的好处是销售人员可以快速了解自己的工作量和转化率,也省去了将名单反复发送的流程。

步骤2:相较于其他在线文档工具来说,WPS Office 能实现多个终端的对接,教师无须付出额外的学习成本。WPS Office 能让所有教师都可实时在线查看和更新同一份教学课件,每一次的更新都会记录更新课件的人员、更新时间、更新内容。因此,任何教师无论何时打开课件,课件的版本都是最新版。

任务 3：通过百度网盘收发作业

完成任务：

步骤 1： 该教育培训机构具有大量的教学资源，平时布置作业也是从这些资源中进行筛选。在线上教学时，可以先将这些教学资源上传至百度网盘，百度网盘的超大容量足以满足需要。在布置作业时只需打开所需资源，然后创建一个分享链接，那么所有学生都能通过该链接进行下载。

步骤 2： 而在收作业时，学生也只要将作业上传至百度网盘，然后同样进行分享，教师打开分享后选择"保存到网盘"，即可立即将文件保存至自己的云盘空间，方便快速。

科技兴国

北京字节跳动科技有限公司

北京字节跳动科技有限公司，成立于 2012 年 3 月，是最早将人工智能应用于移动互联网场景的科技企业之一，其研究领域包括计算机视觉、自然语言处理、机器学习、语音 & 音频处理、数据 & 知识挖掘、计算机图像学、系统 & 网络、信息安全以及工程 & 产品。

在字节跳动的产品中有四种主要管道。首先是人工智能个性化推荐，让信息找到用户；其次是搜索；第三，助理越来越普及。助理需要进一步解决语音识别和语音合成，以及自然语言理解、自然语言生成和对话的问题。最后，今天还有很多信息与内容也在社交圈、社区进行传播。每一个管道今天都能够用人工智能来重新定义。

字节跳动的全球化布局始于 2015 年，"技术出海"是字节跳动全球化发展的核心战略，其旗下产品有今日头条、西瓜视频、抖音、火山小视频、皮皮虾、懂车帝和悟空问答等。

- "今日头条"是北京字节跳动科技有限公司推出的一款移动资讯客户端产品，通过海量信息采集、深度数据挖掘和用户行为分析，为用户智能推荐个性化信息，从而开创了一种全新的新闻阅读模式。
- 抖音短视频是一款音乐创意短视频社交软件，用户可以通过这款软件选择歌曲，拍摄音乐短视频，形成自己的作品，同时会根据用户的爱好，更新用户喜爱的视频。
- Tik Tok 是字节跳动旗下短视频社交平台，于 2017 年 5 月上线，愿景是"激发创造，带来愉悦(inspire creativity and bring joy)"，曾多次登上美国、印度、德国、法国、日本、印尼和俄罗斯等地 App Store 或 Google Play 总榜的首位。

项目 21　定制某互联网设计公司的远程办公方案

21.1　学习目标

某互联网设计公司是一家专做 O2O 产品的企业,目前有员工数百人,主要工作内容是为客户提供摄影、民宿等方面的在线搜索、咨询及预订服务。经过分析整个工作链条,重点环节就是设计方案,后续交互设计师与研发人员只是按设计方案进行工作,实现上面的功能。因此,该企业开展远程办公时,应将重点放在设计方案的相关环节上。

21.2　相关知识

该机构工作流程中的各环节详细内容如图 21 - 1 所示。

图 21 - 1　某互联网设计公司的工作流程

- 产品排期:根据其他产品进度进行排期,调整各工作人员的任务。
- 写设计方案:编写产品的流程图和架构图,然后一起讨论修改。
- 分享给产品主管评审:需求确定之后,会把文档分享给产品主管评审,最终确定设计方案。
- 移交给交互设计师:交互设计师根据定下来的方案进行交互设计。
- 分享给研发:研发人员完成最后的工作,实现产品功能。

经过业务流分析,给出基于飞书和石墨文档的搭配,它能让该互联网公司有更多的时间去思考产品功能本身,而不是因工作流程、传送邮件和无效沟通浪费太多时间。无论是飞书还是石墨文档,均支持 Markdown Sketch 的兼容性也很好,预览和共享起来非常方便,能极大程度提高工作效率。

21.3　项目实施

【微信扫码】
项目微课

本案例实施的基本流程如下:

任务 1:通过飞书进行沟通

完成任务:

步骤 1:对于该互联网公司来说,他们内部讨论的内容业务涉及面非常广泛,需要建立各种长期或临时的聊天分组,因此,集中、灵活的群组管理是所选沟通工具的必备功能。飞书在这点上做得非常个性,可以任意建立群组,并能灵活进行置顶管理。在群内讨论时,通过单独回复,可以将两人对话单独列窗,避免混乱。新人进群时,可以回看之前的对话记录,尽量减少沟通断层。表情回复更减少了低效内容的刷屏问题。

步骤 2:在进行远程办公时,飞书全局互通的日历管理可以帮助团队成员了解彼此的忙闲状态,以便更好地安排在线会议和远程任务。

任务 2:通过石墨文档进行协作

完成任务:

步骤 1:设计方案在编写前,需要查看产品的排期,并查看是否有合适的人员进行安排;而编写完成后,还需要将方案分享给主管进行评审,然后再移交交互设计师和研发人员进行处理。因此,可以通过文档协作工具来将前后环节连通起来,石墨文档就是一个很好的文档协作工具。

步骤 2:石墨文档可以创建多种类型的文件,包括表格、思维导图、表单等,而且每一种文件都提供了大量的模板进行快速创建。例如,在进行产品排期时,可以通过石墨文档创建任务表格来共享进度,用户直接在表格中@相应的负责人,协作者就会收到相应的通知,然后明确自己的工作点。

步骤 3:在设计方案的编写过程中,也能通过石墨文档直接创建思维导图。在线下工作时,产品的原型图一般通过 Sketch 进行绘制,流程图和架构图则使用 ProcessOn 和 MindNode 和 Xmind 完成,原始的做法都是将大量的文件通过邮件发送给部门成员,然后再讨论修改。而远程办公时,可以配合 QQ 截图快速将这些文件整合到石墨文档中,从而快速将线下文件转移到线上。

步骤 4:最后生成设计方案的分享链接,直接发给产品主管进行评审,评审通过后再移交给交互设计师和研发人员。这中间的过程都可以通过共享同一个石墨文档链接来完成,因此沟通起来非常方便。

科技兴国

大疆创新科技有限公司

大疆创新科技有限公司,作为全球顶端的无人机飞行平台和制造商,从最早的商用飞行控制系统起步。逐步研发多种专业技术领域产品,填补了国内外多项技术空白,成为全球同行业中的领军企业。产品已被广泛应用到航拍、遥感测绘、森林防火、电力巡线、搜索及救援和影视广告等工业及商业用途,亦成为全球众多航模航拍爱好者的最佳选择。

目前客户遍布全球 100 多个国家,自疫情以来,各国纷纷选用中国制造的大疆无人机用来对抗新冠病毒。有数据显示,去年欧洲商用无人机销售额达 3.618 亿美元,预计今年将增加至 5.445 亿美元。大疆控制着全球无人机市场 2/3 以上的份额。由此可见大疆是毫无争议的全球第一。

项目22 规划某视频工作室的远程办公方案

22.1 学习目标

某视频工作室目前有近10位小伙伴,主要的工作内容是采访各个行业的专家达人,然后制作科普类视频,经过分析后可以得知三个环节:"采访提纲""根据初稿制作视频"和"视频审校修改",需要有其他同事的配合,因此在进行远程办公时,也只需要考虑如何解决这三个环节中可能出现的问题。而且由于团队人数较少(不到10人),且需要经常和采访对象进行沟通,因此远程办公方案应该以通用性高的社交软件为主,这样既能减轻学习成本,也能最大限度地保留与采访对象的聊天信息。

22.2 相关知识

该机构工作流程中的各环节详细内容如图22-1所示。

图22-1 某视频工作室的工作流程

- 采访人调查:采访前需要先对采访对象的背景、公司以及项目等各方面做一个全面的调查,使之后的采访更加顺利。
- 采访提纲:熟悉采访对象之后,就可以根据对方的具体情况制作采访提纲,即采访过程中具体要提的问题。这个环节需要邀请其他同事进行补充和修改。
- 采访并出具初稿:提纲确定后就可以正式开始采访,而采访后可以结合聊天记录或采访录音对采访内容进行梳理,然后用镜头语言编写一个初稿,以便同事制作视频。
- 根据初稿制作视频:视频后期部门的同事根据提交的初稿开始制作视频。
- 视频审校与修改:视频完成后,可以邀请其余同事一起观看评审,然后进行修改。
- 发布视频:内部通过后,就可以将视频发布到各大视频平台上。

经过业务流分析,给出基于"腾讯文档+腾讯会议+坚果云"的组合方案,可以很好地让该视频工作室实现远程办公。腾讯文档对陌生用户非常友好,可直接使用 QQ 或微信账号登录,而腾讯会议不仅能实现视频开会,还能直接引用腾讯文档中的文件,两者结合对于一些小团队来说非常适用。此外,由于视频制作的特殊性,使用常规的文件传输方法难以协作,因此可以通过坚果云的同步功能来解决。

22.3　项目实施

【微信扫码】
项目微课

本案例实施的基本流程如下:

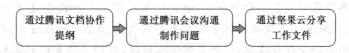

任务 1:通过腾讯文档协作提纲

完成任务:

步骤 1:"采访提纲"环节需要邀请其他同事对提纲进行补充和修改,在线下可以通过开会的方式解决,而远程办公时则可以通过腾讯文档来在线共享文档进行讨论。腾讯文档能无缝对接 QQ、微信等社交平台,用户可以随时将与采访有关的聊天记录上传至腾讯文档,非常方便。

步骤 2:首先将提纲上传至腾讯文档,或者直接通过腾讯文档编写提纲,再添加同事作为协作者,即可在线对提纲进行协作。协作过程中可以根据提纲的内容进行批注,每个人的协作信息都能在文档中看到,比线下开会更为直观。

任务 2:通过腾讯会议沟通制作问题

完成任务:

步骤 1:采访初稿完成后就可以发送给视频后期部门的同事进行制作,制作过程中可能需要经常就一些细节信息进行沟通,一般的沟通软件仅限于简单的文字交流,而视频制作又是一个非常动态的过程,仅靠文字难以描述。

步骤 2:可以通过腾讯会议来进行交流,腾讯会议的操作简单,而且能直接引用腾讯文档中的文件,让沟通更加方便。此外,腾讯文档支持分享桌面功能,视频后期部门的同事可以分享自己的桌面,让大家都能看到当前的视频效果。

任务 3:通过坚果云分享工作文件

完成任务:

步骤 1:视频的制作与修改并非由一人完成,因此,视频后期部门内部的同事在协作时就会经常需要远程传输一些素材或视频的源文件,这些文件不仅大,而且往往数量很多,每个都进行传输的话非常耽误时间。

步骤 2:这时就可以通过坚果云建立同步文件夹,只需将所有当前视频所用到的相关文件都放入该同步文件夹中,那么所有参与的同事都能直接进行使用,无须上传和下载,非常方便。

科大讯飞股份有限公司

　　科大讯飞股份有限公司是一家专业从事智能语音及语音技术研究、软件及芯片产品开发、语音信息服务的国家级骨干软件企业,语音技术实现了人机语音交互,使人与机器之间沟通变得像人与人沟通一样简单。语音技术主要包括语音合成和语音识别两项关键技术。让机器说话,用的是语音合成技术;让机器听懂人说话,用的是语音识别技术。此外,语音技术还包括语音编码、音色转换、口语评测、语音消噪和增强等技术,有着广阔应用空间。

　　其核心技术有:语音合成技术、语音识别技术、语音测评技术、自然语言、面对面翻译、文字扫描识别和方言识别。由于拥有自主知识产权的世界领先智能语音技术,科大讯飞已推出从大型电信级应用到小型嵌入式应用,从电信、金融等行业到企业和家庭用户,从 PC 到手机到 MP3/MP4/PMP 和玩具,能够满足不同应用环境的多种产品。以讯飞为核心的中文语音产业链已初具规模。

附　录

附录1　全国计算机等级考试二级 MS Office 高级应用与设计考试大纲(2021 年版)

➤ **基本要求**

1. 正确采集信息并能在文字处理软件 Word,电子表格软件 Excel,演示文稿制作软件 PowerPoint 中熟练应用。

2. 掌握 Word 的操作技能,并熟练应用编制文档。

3. 掌握 Excel 的操作技能,并熟练应用进行数据计算及分析。

4. 掌握 PowerPoint 的操作技能,并熟练应用制作演示文稿。

➤ **考试内容**

一、Microsoft Office 应用基础

1. Office 应用界面使用和功能设置。

2. Office 各模块之间的信息共享。

二、Word 的功能和使用

1. Word 的基本功能,文档的创建、编辑、保存、打印和保护等基本操作。

2. 设置字体和段落格式,应用文档样式和主题、调整页面布局等排版操作。

3. 文档中表格的制作与编辑。

4. 文档中图形、图像(片)对象的编辑和处理,文本框和文档部件的使用,符号与数学公式的输入与编辑。

5. 文档的分栏、分页和分节操作,文档页眉、页脚的设置,文档内容引用操作。

6. 文档的审阅和修订。

7. 利用邮件合并功能批量制作和处理文档。

8. 多窗口和多文档的编辑,文档视图的使用。

9. 控件和宏功能的简单应用。

10. 分析图文素材,并根据需求提取相关信息引用到 Word 文档中。

三、Excel 的功能和使用

1. Excel 的基本功能,工作簿和工作表的基本操作,工作视图的控制。

2. 工作表数据的输入、编辑和修改。

3. 单元格格式化操作,数据格式的设置。

4. 工作簿和工作表的保护、版本比较与分析。

5. 单元格的引用,公式、函数和数组的使用。

6. 多个工作表的联动操作。

7. 迷你图和图表的创建、编辑与修饰。

8. 数据的排序、筛选、分类汇总、分组显示和合并计算。

9. 数据透视表和数据透视图的使用。

10. 数据的模拟分析、运算与预测。

11. 控件和宏功能的简单应用。

12. 导入外部数据并进行分析,获取和转换数据并进行处理。

13. 使用 PowerPivot 管理数据模型的基本操作。

14. 分析数据素材,并根据需求提取相关信息引用到 Excel 文档中。

四、PowerPoint 的功能和使用

1. PowerPoint 的基本功能和基本操作,幻灯片的组织与管理,演示文稿的视图模式和使用。

2. 演示文稿中幻灯片的主题应用、背景设置、母版制作和使用。

3. 幻灯片中文本、图形、SmartArt ,图像(片)、图表、音频、视频、艺术字等对象的编辑和应用。

4. 幻灯片中对象动画、幻灯片切换效果、链接操作等交互设置。

5. 幻灯片放映设置,演示文稿的打包和输出。

6. 演示文稿的审阅和比较。

7. 分析图文素材,并根据需求提取相关信息引用到 PowerPoint 文档中。

➤ 考试方式

上机考试,考试时长 120 分钟,满分 100 分。

1. 题型及分值

单项选择题 20 分(含公共基础知识部分[①] 10 分);

Word 操作 30 分;

Excel 操作 30 分;

PowerPoint 操作 20 分。

2. 考试环境

操作系统:中文版 Windows 7。

考试环境:Microsoft Office 2016。

[①] 公共基础知识部分详见《全国计算机等级考试二级公共基础知识考试大纲(2020 版)》

附录 2　全国计算机等级考试二级 MS Office 高级应用与设计考试样题

1. 选择题

略

2. 字处理

某高校为了使学生更好地进行职场定位和职业准备,提高就业能力,该校学工处将于 2021 年 4 月 29 日(星期五)19:30—21:30 在校国际会议中心举办题为"领慧讲堂—大学生人生规划"就业讲座,特别邀请资深媒体人、著名艺术评论家赵覃先生担任演讲嘉宾。请根据上述活动的描述,利用 Microsoft Word 制作一份宣传海报(宣传海报的参考样式请参考 "Word-海报参考样式. docx"文件),要求如下:

① 在考生文件夹下,将"Word 素材. docx"文件另存为"Word. docx"(". docx"为扩展名),后续操作均基于此文件。

② 调整文档版面,要求页面高度 35 厘米,页面宽度 27 厘米,页边距(上、下)为 5 厘米,页边距(左、右)为 3 厘米,并将考生文件夹下的图片"Word-海报背景图片 jpg"设置为海报背景。

③ 根据"Word-海报参考样式. docx"文件,调整海报内容文字的字号、字体和颜色。

④ 根据页面布局需要,调整海报内容中"报告题目""报告人""报告日期""报告时间""报告地点"信息的段落间距。

⑤ 在"报告人:"位置后面输入报告人姓名(赵覃)。

⑥ 在"主办:校学工处"位置后另起一页,并设置第 2 页的页面纸张大小为 A4 篇幅,纸张方向设置为"横向",页边距为"普通"页边距。

⑦ 在新页面的"日程安排"段落下面,复制本次活动的日程安排表(请参考"Word-活动日程安排. xlsx"文件),要求表格内容引用 Excel 文件中的内容,如若 Excel 文件中的内容发生变化,Word 文档中的日程安排信息随之发生变化。

⑧ 在新页面的"报名流程"段落下面,利用 SmartArt 制作本次活动的报名流程(学工处报名、确认座席、领取资料、领取门票)。

⑨ 设置"报告人介绍"段落下面的文字排版布局为参考示例文件中所示的样式。

⑩ 插入考生文件夹下的"Pic2. jpg"照片,调整图片在文档中的大小,并放于适当位置,不要遮挡文档中的文字内容。

⑪ 调整所插入图片的颜色和图片样式,与"Word-海报参考样式. docx"文件中的示例一致。

3. 电子表格

小蒋在教务处负责学生的成绩管理,他将初一年级三个班的成绩均录入在了名为"Excel 素材. xlsx"的 Excel 工作簿文档中。根据下列要求帮助小蒋老师对该成绩单整理和分析:

① 在考生文件夹下,将"Excel 素材. xlsx"文件另存为"Excel. xlsx"(". xlsx"为扩展名),后续操作均基于此文件。

② 对工作表"第一学期期末成绩"中的数据列表进行格式化操作:将第一列"学号"列设为文本,将所有成绩列设为保留两位小数的数值;适当加大行高列宽,改变字体、字号,设置对齐方式,增加适当的边框和底纹以使工作表更加美观。

③ 利用"条件格式"功能进行下列设置:将语文、数学、英语三科中不低于 110 分的成绩所在的单元格以一种颜色填充,其他四科中高于 95 分的成绩以另一种字体颜色标出,所用颜色深浅以不遮挡数据为宜。

④ 利用 SUM 和 AVERAGE 函数计算每一个学生的总分及平均成绩。

⑤ 复制工作表"第一学期期末成绩",将副本放置到原表之后;改变该副本表标签的颜色,并重新命名,新表名需包含"分类汇总"字样。

⑥ 通过分类汇总功能求出每个班各科的平均成绩,并将每组结果分页显示。

⑦ 以分类汇总结果为基础,创建一个簇状柱形图,对每个班各科平均成绩进行比较,并将该图表放置在一个名为"柱状分析图"新工作表的 A1:M30 单元格区域内。

4. 演示文稿

文慧是新东方学校的人力资源培训讲师,负责对新入职的教师进行入职培训,其 PowerPoint 演示文稿的制作水平广受好评。最近,她应北京节水展馆的邀请,为展馆制作一份宣传水知识及节水工作重要性的演示文稿。节水展馆提供的文字资料及素材参见"水资源利用与节水(素材). docx",制作要求如下:

① 标题页包含演示主题、制作单位(北京节水展馆)和日期(xxxx 年 x 月 x 日)。

② 演示文稿须指定一个主题,幻灯片不少于 5 页,且版式不少于 3 种。

③ 演示文稿中除文字外要有 2 张以上的图片,并有 2 个以上的超链接进行幻灯片之间的跳转。

④ 动画效果要丰富,幻灯片切换效果要多样。

⑤ 演示文稿播放的全程需要有背景音乐。

⑥ 将制作完成的演示文稿以"PPT. pptx"为文件名保存在考生文件夹下(". pptx"为扩展名)。

附录3 全国计算机等级考试二级公共基础知识考试大纲(2020年版)

➤ 基本要求

1. 掌握计算机系统的基本概念,理解计算机硬件系统和计算机操作系统。
2. 掌握算法的基本概念。
3. 掌握基本数据结构及其操作。
4. 掌握基本排序和查找算法。
5. 掌握逐步求精的结构化程序设计方法。
6. 掌握软件工程的基本方法,具有初步应用相关技术进行软件开发的能力。
7. 掌握数据库的基本知识,了解关系数据库的设计。

➤ 考试内容

一、计算机系统

1. 掌握计算机系统的结构。
2. 掌握计算机硬件系统结构,包括 CPU 的功能和组成,存储器分层体系,总线和外部设备。
3. 掌握操作系统的基本组成部分,包括进程管理、内存管理、目录和文件系统、I/O 设备管理。

二、基本数据结构与算法

1. 算法的基本概念;算法复杂度的概念和意义(时间复杂度与空间复杂度)。
2. 数据结构的定义;数据的逻辑结构与存储结构;数据结构的图形表示;线性结构与非线性结构的概念。
3. 线性表的定义;线性表的顺序存储结构及其插入与删除运算。
4. 栈和队列的定义;栈和队列的顺序存储结构及其基本运算。
5. 线性单链表、双向链表与循环链表的结构及其基本运算。
6. 树的基本概念;二叉树的定义及其存储结构;二叉树的前序、中序和后序遍历。
7. 顺序查找与二分法查找算法;基本排序算法(交换类排序,选择类排序,插入类排序)。

三、程序设计基础

1. 程序设计方法与风格。
2. 结构化程序设计
3. 面向对象的程序设计方法,对象,方法,属性及继承与多态性。

四、软件工程基础

1. 软件工程基本概念，软件生命周期概念，软件工具与软件开发环境。

2. 结构化分析方法，数据流图，数据字典，软件需求规格说明书。

3. 结构化设计方法，总体设计与详细设计。

4. 软件测试的方法，白盒测试与黑盒测试，测试用例设计，软件测试的实施，单元测试、集成测试和系统测试。

5. 程序的调试，静态调试与动态调试

五、数据库设计基础

1. 数据库的基本概念：数据库，数据库管理系统，数据库系统。

2. 数据模型，实体联系模型及 E－R 图，从 E－R 图导出关系数据模型。

3. 关系代数运算，包括集合运算及选择、投影、连接运算，数据库规范化理论。

4. 数据库设计方法和步骤：需求分析、概念设计、逻辑设计和物理设计的相关策略。

➢ 考试方式

1. 公共基础知识不单独考试，与其他二级科目组合在一起，作为二级科目考核内容的一部分。

2. 上机考试，10 道单项选择题，占 10 分。

附录4 全国计算机等级考试二级公共基础知识样题及参考答案

➤ 样题

下列各题中,只有一个选项是正确的。

1. 在并发程序执行过程中,进程调度负责分配(　　)。

A. CPU

B. CPU、打印机

C. CPU、打印机、外存

D. 所有系统资源

2. 为了解决 CPU 和主存之间的速度匹配问题,应该(　　)。

A. 在主存储器和 CPU 之间增加高速缓冲存储器

B. 提高主存储器访问速度

C. 扩大 CPU 中通用寄存器的数量

D. 扩大主存容量

3. 下列数据结构中,属于非线性结构的是(　　)。

A. 双向链表

B. 循环链表

C. 二叉链表

D. 循环队列

4. 设循环队列的存储空间为 Q(1:35),初始状态为 front＝rear＝35。现经过一系列入队与退队运算后,front＝ 15,rear＝15,则循环队列中的元素个数为(　　)。

A. 16

B. 15

C. 20

D. 0 或 35

5. 一棵二叉树共有 25 个结点,其中 5 个是叶子结点,则度为 1 的结点数为(　　)。

A. 16

B. 10

C. 4

D. 6

6. 下列叙述中正确的是(　　)。

A. 循环队列是队列的一种链式存储结构

B. 循环队列是队列的一种顺序存储结构

C. 循环队列是非线性结构

D. 循环队列是一种逻辑结构

7. 下面对软件特点的描述中不正确的是(　　)。

A. 软件是一种逻辑实体,具有抽象性

B. 软件开发、运行对计算机系统具有依赖性

C. 软件开发涉及软件知识产权、法律及心理等社会因素

D. 软件运行存在磨损和老化问题

8. 下面属于黑盒测试方法的是(　　)。

A. 基本路径测试

B. 等价类划分

C. 判定覆盖测试

D. 语句覆盖测试

9. 数据库管理系统是(　　)。

A. 操作系统的一部分

B. 系统软件

C. 一种编译系统

D. 一种通信软件系统

10. 在E-R图中,表示实体的图元是(　　)。

A. 矩形

B. 椭圆

C. 菱形

D. 圆

11. 有两个关系R和T如下:

R

A	B	C
a	1	2
b	4	4
c	2	3
d	3	2

T

A	C
a	2
b	4
c	3
d	2

则由关系R得到关系T的操作是(　　)。

A. 选择

    B. 交

    C. 投影

    D. 并

    12. 对图书进行编目时,图书有如下属性:ISBN 书号,书名,作者,出版社,出版日期。能作为关键字的是(   )。

    A. ISBN 书号

    B. 书名

    C. 作者

    D. 出版社

    E. 出版日期

➢ 参考答案

    AACD   ABDB   BACA

附录5 MOS 认证体系介绍

本附录介绍了 MOS 认证的考核与形式,提供了 MOS 认证课程大纲、MOS 2016 中文课程全套题库及素材和 MOS 国际认证页面等内容,具体存放于"项目素材/MOS 认证体系. zip",压缩包内容如图 1 所示。

图 1 "MOS 认证体系. zip"内容

一、MOS 考核与形式

MOS 国际认证分为核心级(Core)、专家级(Expert)和大师级(Master)3 个层次。

➢ 核心级认证(Core)

核心级认证考核的是使用者对于 Office 软件最基础也是使用频率最高的技能,共分为以下 5 个科目:

- Exam 77 - 725 Word 2016:Core Document Creation, Collaboration and Communication
- Exam 77 - 727 Excel 2016:Core Data Analysis, Manipulation, and Presentation
- Exam 77 - 729 PowerPoint 2016:Core Presentation Design and Delivery Skills
- Exam 77 - 731 Outlook 2016:Core Communication, Collaboration and Email Skills
- Exam 77 - 730 Access 2016:Core Document Creation, Collaboration and Communication

以上每个科目的考试时间为 50 分钟,满分为 1000 分,通过成绩为 700 分。考核通过后都可以获得该科目的国际认证证书。

➢ 专家级认证(Expert)

专家级认证只针对 Office 中最常用的两个软件 Word 和 Excel,主要考核使用者对于这两个软件高级功能的掌握水准,具体科目如下:

- Exam 77 - 726 Word 2016 Expert:Creating Documents for Effective Communication

- Exam 77 - 728 Excel 2016 Expert：Interpreting Data for Insights

学习者可以直接报考专家级认证，以上每个科目的考试时间为 50 分钟，满分为 1 000 分，通过成绩为 700 分。通过考核后可获得该科目的国际认证证书。

➤ 大师级认证（Master）

MOS 大师级认证（MOS Master）与微软在信息技术领域的 MCPD 是同级的认证，意味着通过认证的使用者对 Microsoft Office 的高级功能有着全面和深入的理解，能够把 Office 套件中的各个程序进行整合，完成实际工作。因此大师级认证需要学习者通过多项考试才能获得。MOS 大师级认证的获取条件为：

通过以下三个科目

- Exam 77 - 726 Word 2016 Expert：Creating Documents for Effective Communication
- Exam 77 - 728 Excel 2016 Expert：Interpreting Data for Insights
- Exam 77 - 729 PowerPoint 2016：Core Presentation Design and Delivery Skills
- 并通过以下两个科目中的一个科目（任选其一）
- Exam 77 - 731 Outlook 2016：Core Communication，Collaboration and Email Skills
- Exam 77 - 730 Access 2016：Core Document Creation，Collaboration and Communication

➤ 考核形式

MOS 国际认证，除了 Outlook 2016 之外，都采用综合项目的形式，每个项目都模拟了一个在日常工作中的情境，并包含 4～7 个独立的任务，要求考生能够正确高效地运用 Office 技能解决实际问题。Outlook 2016 的认证则由 35 个独立的任务组成。

MOS 国际认证全部采用上机在线测评，当考生完成了所有任务并结束考试之后，可以立刻看到测试成绩，满分成绩为 1 000 分，达到 700 分即可获得国际认证证书。证书除了纸质版之外，还包含电子版本，考生可以自行下载，并在未来的求职和求学过程中使用。图 2 所示为认证证书样本。

图 2　认证日期和在线查询编码

二、MOS 认证课程大纲

MOS 2016 认证课程大纲包括以下七门：
- Word 2016——文档创建、协作与沟通核心技能
- Word 2016 Expert——使用自动化文档高效交流信息
- Excel 2016——数据管理、分析与展示核心技能
- Excel 2016 Expert——高级数据分析与可视化
- PowerPoint 2016——演示文稿设计与发布核心技能
- Outlook 2016——邮件和日程管理与协同工作核心技能
- Access 2016——数据库管理，使用与查询核心技能

如有想了解该认证的同学，请扫二维码咨询。

【微信扫码】
MOS 国际认证

三、MOS 2016 中文课程全套题库及素材

MOS 2016 中文课程全套题库主要包括以下五个部分：

1. Word 2016 核心级题库、Word 2016 专家级题库、Word 2016 专家级全真模式一套和 Word 2016 专家级英文全真模式一套；

2. Excel 2016 核心级题库、Excel 2016 专家级题库、Excel 2016 专家级全真模式一套和 Excel 2016 专家级英文全真模式一套；

3. PowerPoint 2016 核心级题库和 PowerPoint 2016 核心级英文全真模式一套；

4. Outlook 2016 核心级题库和 Outlook 2016 核心级英文全真模式一套；

5. Access 核心级题库。

附录6　MOS认证考试试卷(中文)

➤ Word 2016 专家级全真模拟

项目1　制作宣传手册

你正在为 MicroMacro 公司制作宣传手册,已经完成了初稿,现在需要进一步审阅和修改。	1. 将「标题2」样式字体更改为「24」磅、「梅红,个性色1,深色50%」。 2. 将「正文」样式从「Normal. dotm」复制到「1-1. docx」,覆盖现有「正文」样式。 3. 在第2页图表来方添加题注「图1-各个科目通过率」。文本「图1」为自动添加。 4. 设置文档,确保对文档所做的更改会被跟踪。 5. 创建名为「MicroMacro」的字体集,「标题字体」设置为「Candara」。 6. 将 Word 配置为每8分钟保存一次「自动恢复」信息。

项目2　编辑课程介绍文档

你是学校的教学助理,正在编辑课程介绍文档。	1. 仅将本文档的默认字体设置为「14」磅,「Arial Black」。 2. 根据应用到文本「i数据分析流程介绍」的[列出段落]样式,创建名为「内容」的段落样式。 3. 根据当前的主题颜色创建名为「课程模板」的新主题颜色,并将「着色1」设置为「紫色」。 4. 设置文档,要求只能通过应用样式修改格式,不要强制保护。 5. 在文档顶部添加「SaveDate」域。使用日期格式「yyyy-MM-d」。

项目3　制作围棋常识手册

你需要为 Black&White 围棋学校编写围棋常识手册。	1. 将第1页的批注标记为已完成(已解决)。 2. 将当前所有格式为「选手」的文本样式更改为「棋手」样式。 3. 将文档中所有的「李昌镐」标记为索引项。 4. 在第5页「图片目录」标题下方添加图表目录。使用「古典」格式。 5. 将第1. 2. 3节第一段中「基」的校对语言设置为「日语」。

项目4　制作 Windows 10 课程介绍

你是 MicroMacro 的工作人员,现在要制作一份 Windows10 课程介绍。并使用电子邮件群发给可能的学习者。	1. 在「欢迎报名!」前一行,从「文档」文件夹插入「课程体验卡. docx」文件。对「课程体验卡. docx」文件的更改应自动反映在「1-4. docm」中。 2. 将顶部项目符号列表中的最后两项内容移动到底部项目符号列表的末尾。项目符号的格式应与其所粘贴到的列表相同。移除空项目符号。 3. 录制名为「缩小」的宏,当用户按下「Alt+Ctrl+5」时,使选定文本的字号缩小一个增量,并应用「加粗」和「下划线」的格式。将宏保存到「1-4. docm」文档中。 4. 新建收件人列表,名「Stefan」,姓「Zweig」。将列表保存到「我的数据源」文件夹,其名为「课程报名者」。 5. 不添加分页符,设置「进阶课程内容:」段落的格式,使其与随后的项目符号列表位于相同的页面。

项目 5　编辑书法文化宣传页

你需要为 MicroMacro Culture 制作一份中国书法文化宣传页。	1. 接受所有插入和删除，但不要接受格式变更。 2. 创建名为「书法家」的字符样式，基于默认的段落字体，并应用加粗和倾斜的格式。 3. 禁止用户更改主题或快速样式集。不得强制保护。 4. 在「索引」标题下方，插入使用「流行」格式的索引，页码右对齐。 5. 将含有文本「MicroMacro Culture」的段落保存至「Building Blocks」中的「文档部件库」，接受所有默认值。

➤ Excel 2016 专家级全真模拟

项目 1　汽车销售统计

您是某汽车销售企业的管理人员，现在需要根据 2015—2017 年的销售数据完成下列工作。	任务 1 在「按年份和车型统计」工作表的单元格 F3 中，添加使用多维数据集函数和数据模型的公式，检索 2017 年最畅销的电动汽车车型。 任务 2 在「贷款计算」工作表的单元格 E7 中，添加公式来计算每月还贷金额，假定付款日期为月末。从本金中减去「首付款」金额。 任务 3 在「库存」工作表的列 G 中添加公式，如果平均库存量超过了「12 月销量」，或超过「年度销量」的月平均值的 1.5 倍时，显示「是」，否则显示「否」。 任务 4 在「库存」工作表上，对数据所在行应用格式，如果「12 月销量」超过「平均库存量」的 110%，则粗体显示文本，同时将文本颜色更改为 RGB「255」、「80」、「80」。 任务 5 在「贷款计算」工作表上，为单元格 E6 添加数据验证，以便在用户输入小于 1 或大于 10 的值，或输入包含小数位的数字时显示「停止」的出错警告，标题为「无效输入」，错误信息为「1 到 10」。 任务 6 在「年末促销分析」工作表上，修改图表以便按照每一个年份分组显示车型。

项目 2　汇总哲学讲座参与情况

您作为大学哲学系的行政助理，需要统计段时间内哲学系所开设的讲座的参加人员情况，请完成以下任务。	任务 1 在「讲座举办情况」工作表上，设置列 C 的格式，使该列中所有的时间值都显示为「h AM/PM」。不要显示分钟。 任务 2 在「讲座举办情况」工作表的列 H 中，插入 OR 函数，如果本系学生出席人数超过所有讲座本系学生平均出席人数，或外系出席人数超过 10 人，显示为 TRUE。否则，显示为 FALSE。 任务 3 在「讲座举办情况」工作表的列 B 中添加公式，根据同一列 A 中的日期对应的星期数值，来显示 1 到 7 的数字。星期一以数字 1 表示。星期日以数字 7 表示。 任务 4 在「主讲人-出席人数」工作表中添加切片器，以便用户能够仅显示特定时间提供的讲座的数据。时间值应精确到小时、分钟和秒。 任务 5 在新的工作表上创建类型为「带数据标记的折线图」的数据透视图，显示每个讲座的最大本系学生出席人数和最大外系学生出席人数。

项目 3　统计校园歌曲大奖评分及获奖数据

您是学生会的工作人员,现在需要统计学校校园歌手大奖赛前五名选手的评分和获奖情况请完成以下任务。	任务 1 在「奖金数额」工作表的单元格 B16 中,使用「汇总行」中结构化引用的公式计算所有赞助商为每位选手提供的平均奖金赞助。 任务 2 修改 Excel 选项,防止在更改数据时自动重新计算公式数值,但在保存工作簿时要重新计算公式数值。 任务 3 在「奖金数额」工作表的单元格 A2:A11 中添加条件格式规则,对承诺赞助超过￥20 000 的所有赞助商名称应用 RGB「255」,「230」,「180」的填充颜色。 任务 4 在「成绩公告」工作表上,使用「成绩图表」的名称将图表作为模板保存到 Charts 文件夹。 任务 5 除非输入密码「MicroMacrol」,阻止其他用户修改「评委投票」工作表中的数据。用户可以选择和格式化单元格、列以及行,而不必输入密码。

项目 4　统计和分析贸易销售数据

您在总部位于德国法兰克福的电子产品贸易公司工作现在需要按照如下要求对公司 1～2 月份的销售数据进行统计和分析。	任务 1 在「1～2 月销售数据」工作表上,使用格式「14. Mrz 2012」将列 A 格式化为「德语(德国)」日期。 任务 2 在错误检查规则中,启用标记列内不一致公式的选项。 任务 3 在「1～2 月销售数据」工作表上创建图表,在横轴上显示「发货日期」。每次发货的「合计成本」显示为簇状柱形图,每次发货的「合计收入」显示为折线图。 任务 4 在「按城市和产品汇总」工作表上,首先按目的地分组数据,然后按产品类型分组数据,最后按月份分组数据。 任务 5 在「按城市和产品汇总」工作表上,以表格形式显示数据,并在每个项目后插入一个空白行。

项目 5　计算销售人员奖金

您是 MicroMacro 公司的管理人员,现在需要计算公司各个地区销售人员的奖金分发数额,请完成下列任务。	任务 1 修改「表格标题行」样式,使其单元格填充颜色为橙色。 任务 2 在「年度销售汇总」工作表的单元格区域 L3:L11 中,使用条件求和函数计算每个地区获得奖金的员工的总销售额。 任务 3 在「年度销售汇总」工作表的列 H 中,使用 VLOOKUP 函数从「奖金提成比例」表检索每位员工对应的奖金比例。不要更改引用列中的任何值。 任务 4 在「年度销售汇总」工作表上,将单元格区域 C3:C52 命名为「地区」。名称创建在工作簿范围内。 任务 5 修改工作簿中的名称「销售摘要」,使其仅包含单元格区域 K3:L11。

附录 7 MOS 认证考试试卷(英文)

➤ WORD 2016 专家级英文全真模拟

Northwind Electric

    You are creating a marketing brochure for Northwind Electric Cars. You are prepar ng the brochure to submit to a copy editor.

1. Modify the Heading 2 style font to 20 point Teal, Accent 5, Darker 50%.
2. Copy the Normal style from Normal. dotm into NorthwindElectric. docx. Overwrite the existing Normal style.
3. Add the caption "Figure 1—2016 Blizzard" above the photo of the car on page 2. The text "Figure 1" will be added automatically.
4. Modify the document to ensure that changes made are tracked.
5. Create a font set named "Northwind" that has the Heading font set to Cambria.
6. Configure Word to save AutoRecovery information every 15 minutes.

Bellows College Syllabus

You are an administrative assistant for the Dean of Bellows College. You are creating a new syllabus template that will be used throughout the college.

1. Set the application default font to 12-point Bookman Old Style for this document only.
2. Create a paragraph style named "Objective" that is based on the List Paragraph style applied to the text "A. Add 8 to 12 learning objectives. "
3. Create a color set named "Bellows College" based on the current theme colors that has Accent1 set to Dark Blue.
4. Modify the document to require that formatting changes can only be made by applying styles. Do not enforce protection.
5. Add a SaveDate field to the top of the document. Use the date format of MMMM d,yyyy.

Dance Styles

You are writing a Dance Appreciation course at the School of Fine Arts.

1. Mark the comment on page 1 as done (resolved).
2. Change the style of all text currently formatted as Term to the Term B style.
3. Mark an index entry for all instances of "Tchaikovsky".
4. Add a list of figures beneath the "List of Figures" heading on page 5. Use the Distinctive format.
5. Set the proofing language for the word "tendu" in the second paragraph of section 1. 1 to French (France).

Alpine Ski House

You work in the marketing department of Alpine Ski House. You are preparing a template that will be used to create mass mailings.

1. On the line before "Sincerely", insert the coupon. docx file from the Documents folder. Modifications to the coupon . docx file should be automatically reflected in "AlpineSkiHouse. dotm".

2. Move the last two bullets from the top bullet list to the end of the bottom bullet list. The bullets should be formatted the same as the list they are pasted into. Remove the empty bullets.

3. Record a macro named "Emphasis" that increases the font size of selected text by one increment and formats it as Bold, Italic when the user presses "Alt+Ctrl+9". The macro should be stored in all documents based on the "AlpineSkiHouse" template.

4. Create a new recipient list with the first name "Paula" and the last name "Bento". Save the list to the My Data Sources folder as "ProSnowboarders".

5. Without adding a page break, format the paragraph beginning with "Our main lodge … " so that it flows to the same page as the bulleted list that follows it.

Fantasy Writers

You work for Lucerne Publishing. You are creating a guide for fantasy writers.

1. Accept all insertions and deletions. Do not accept format changes.

2. Create a character style named "AuthorName" that is based on the default paragraph font with bold and italic applied.

3. Prevent users from changing the theme or Quick Style Set. Do not enforce protection.

4. Beneath the "INDEX" heading, insert an index that uses Classic format. Right-align page numbers.

5. Save the paragraph with the text "Lucerne Immersive ™ Requirement" in the Quick Parts gallery in Building Blocks. Accept all defaults.

➤ Excel2016 专家级英文全真模拟

Northwind Electric Cars

You are creating an Excel workbook that will be used by sales managers for Northwind Sales.

1. In cell F5 of the "Best Sellers" worksheet, add a formula that uses cube functions and the Data Model to retrieve the electric car model that sold the best in 2014.

2. In cell E7 of the "Payment Calculator" worksheet, add a formula that calculates the monthly payment amount, assuming that the payment is due at the beginning of the month. Subtract the "Downpayment" amount from the principle.

3. On the "Inventory" worksheet, add a formula in column H that displays "Yes" if the number of cars in inventory is more than twice the number "Sold Last Month"or greater than the average "Annual Sales". Otherwise, display "No".

4. On the "Inventory" worksheet, apply formatting to the rows of data that bolds the text and changes the text color to RGB "0","176", "80" if the number "Sold Last Month" is more than 90% of the number "In Stock".

5. On the "Payment Calculator" worksheet, add data validation to cell E6 that displays a Stop error with the title"invalid" and the text "1to 5" when the user enters a value less than 1 or greater than 5 or a number that includes a decimal digit.

6. On the "Sales Analysis" worksheet, modify the chart so that the models are grouped within each year.

Adventure Works

Adventure Works is starting to offer fitness classes as a way to attract new customers. You are using Excel to analyze the class attendance data.

1. On the "Class Attendance" worksheet, format column C so that any time value entered in the column

is displayed as "h AM/PM". The minutes should not be displayed.

2. In column H on the "Class Attendance" worksheet, use the OR function to display TRUE if the number of member attendees is greater than the average member attendance in any class or if the number of guests is greater than 1. Otherwise, display FALSE.

3. In column B on the "Class Attendance" worksheet, add a formula that will display a number from 1 to 7 that indicates the day of the week of the date in column A of the same row. Sunday should be represented by the number 1. Saturday should be represented by the number 7.

4. On the "Attendance by Instructor" worksheet, add a slicer that allows users to show data for only the classes offered at a specific time. The time value should be specified in hours, minutes and seconds.

5. Create a Line with Markers Pivot Chart on a new worksheet that shows the maximum number of member attendees and the maximum number of guest attendees for each course.

Graphic Design Institute

Graphic Design Institute awards scholarships based on judged competitions and corporate scholarships. You are creating a spreadsheet that will be used to determine scholarship amounts.

1. In cell K1 on the "Corporate Sponsorship" worksheet, add a formula that uses structured references to the Totals row to calculate the total average sponsorship for all companies.

2. Modify Excel options to prevent formulas from being automatically evaluated when data changes. Formulas should be evaluated when a workbook is saved.

3. On the "Corporate Sponsorship" worksheet, add a conditional formatting rule to cells A2:A11 that applies an RGB "146", "208", "80" fill to all company names that pledged more than $3000 in sponsorship.

4. Save the chart on the "Prize Announcement" worksheet as a template named "AwardsChart" to the Charts folder.

5. Modify the workbook options so that only the "Prize Announcements" worksheet can be viewed when opening the workbook in a browser.

Northwind Traders

Northwind Traders exports goods from Sweden to various retail locations in the United States. You are using Excel to track and analyze shipment information.

1. On the "US Shipments" worksheet, format column A as a Spanish (Mexico) date using the format 14 de marzo de 2012.

2. Turn on the error checking rule that flags inconsistent formulas within a column.

3. On the "US Shipments" worksheet, create a chart that shows "Units" on the vertical axis. The "Value" of each shipment should be displayed as a Clustered Column chart and the "Markup" of each shipment as a Line chart.

4. On the "By City and Product" worksheet, group the data by month.

5. On the "By City and Product" worksheet, display the data in tabular form and insert a blank row after each unit.

Relecloud Sales

You work for the Sales department of Relecloud. You are working on the end of year Sales Summary file fora meeting with your manager.

1. Modify the "MyTitle" Style by adding a red double bottom border.

2. On the "YearlySales" worksheet in cell L3, use a conditional sum function to calculate the Total Sales amount for US employees that have earned a Bonus.

3. On the "Yearly Sales" work sheet in column H, use the VLOOKUP function to retrieve the commission rate earned by each employee from the "Commission Rates" table. Do not change any values in the referenced columns.

4. On the "Yearly Sales" worksheet, name the range of cells C3:C52 "Region". Create the named range at the workbook scope.

5. Modify the workbook named range, "SalesSummary", to include only the range K3:L6.

➤ PowerPoint 2016 核心级英文全真模拟

Humongous Insurance

You are creating a presentation for the annual conference of an insurance company,

1. After the "Achievements" slide, import new slides from the Word document outline titled Presenter Order. docx in the Documents folder.

2. Apply the Highlights layout to the slide titled "Achievements".

3. On the "Achievements" slide, apply the Angle Bevel effect to all six photographs.

4. On the "Q2 Goals" slide, format the list as a two-column list.

5. Add the Fade transition between all slides.

Car Insurance

You are creating presentations for an annual conference for your insurance company.

1. Create a new slide layout named "Custom1" with a picture placeholder on the left and a text placeholder on the right. Keep all default placeholders. Size and position of the new placeholders do not matter.

2. Arrange the images on slide 2 so that their middles are aligned.

3. Reorder the animation of the images on slide 2 so that they fade in one by one from left to right.

4. On slide 3, change the color of the car icon to Blue and add a Yellow outline.

5. On slide 3, animate the car icon so that it flies in from the right.

6. Save the presentation to the Documents folder as a PDF file named "Presentation".

7. Configure printing to print only the "Introduction section".

Travel Insurance

You are creating a presentation for an annual conference for your insurance company. You are editing a presentation for someone who only wants to show parts of the presentation.

1. On slide 5 only, add a footer with the text "Company Confidential".

2. Use slides 5 through 7 to create a custom slide show named "Charts".

3. Create a Line chart on slide 7 using the figures provided in the table on the same slide. Use the years as the Categories and "New Customers" as the Series. Resizing the chart is optional.

4. On slide 4, add the video New Advert. avi from the Videos folder. Position it at 2" (5. 08 cm) from the Top Left Corner, vertically and horizontally.

5. Change the duration of all transitions to 2 seconds.

Home Insurance

You are creating a presentation for an annual conference for your insurance company.

1. Change the master design theme to Office Theme and change the font to Arial.

2. Add a section called "Title" before slide 1.

3. Change the style of the table on slide 3 to Medium Style 1 – Accent 5.

4. Bring the text on slide 4 in front of the image of the hands. Then, send the family image to the back.

Life Insurance

You are creating presentations for an annual conference for your insurance company. You are editing a presentation for someone who wants to increase the privacy of the presentation.

1. Change the top-level bullet of the Slide Master to use the check. png file in the Pictures folder.

2. Change the file properties so that the Title is "Life Insurance Breakdown".

3. On slide 3, add a hyperlink to the website "http://www. humongousinsurance. com" to the sentence "Click here to view on website".

4. Insert a comment that reads "Update" on the chart on slide 2.

Pet Insurance

You are creating presentations for an annual conference for your insurance company. You are editing a presentation for someone who needs some help with animations.

1. Configure the video on slide 2 to start at "00:00 500" and end at "00:02 500".

2. Animate the text on slide 3 so that each bullet wipes in from left to right individually on click.

3. On slide 3, replace the circle with a heart.

4. Inspect for and remove annotations and content that is positioned off the slide.

5. Add a new slide to the end of the presentation using the Vanessa docx file in the Documents folder.

Health Insurance

You are creating a presentation for an annual conference for your insurance company.

1. On slide 2, group the business image and its title.

2. On slide 3, delete the "Sinusitis" row from the table then insert a new column titled "Percentage Uninsured" on the right.

3. On slide 4, modify the chart so that the category labels are listed across the top center of the chart. The labels should overlap the chart.